无人机系统研究与应用丛书

# 无人机后勤保障

## UAV Logistice Support

主编 李 正

编者 李 正 李 斌

U0381877

西北工业大学出版社

西 安

【内容简介】 本书从工程角度出发,按装备系统全寿命过程系统地阐述无人机综合后勤保障涉及的技术及管理思想与方法,包括无人机综合后勤保障概念、特点与保障性分析,无人机后勤维修级别与维修性模型,无人机故障诊断与测试以及系统、结构测试方法,从环境适应性、可靠性、维修性、测试性方面满足保障性要求的设计原则与试验评价要素,后勤保障阶段资源与质量监控管理流程及方法,后勤保障信息化系统架构与数据分析等。

本书可供无人机设计、生产、使用、保障部门和单位的工程技术人员与管理人员参考,也可作为高等学校相关专业大学本科生和研究生的参考书。

## 图书在版编目(CIP)数据

无人机后勤保障/李正主编 . —西安:西北工业大学出版社,2018.5(2020.1重印)

国之重器出版工程

ISBN 978 - 7 - 5612 - 6009 - 8

Ⅰ.①无… Ⅱ.①李… Ⅲ.①无人驾驶飞机—后勤保障 Ⅳ.①V279

中国版本图书馆 CIP 数据核字(2018)第 101465 号

WURENJI HOUQIN BAOZHANG

**策划编辑**:肖亚辉
**责任编辑**:孙 倩

| 出　　版 | :西北工业大学出版社 |
| 通信地址 | :西安市友谊西路 127 号　　邮编:710072 |
| 电　　话 | :(029)88493844　88491757 |
| 网　　址 | :www.nwpup.com |
| 印 刷 者 | :兴平市博闻印务有限公司 |
| 开　　本 | :710 mm×1 000 mm　　1/16 |
| 印　　张 | :12.5 |
| 字　　数 | :221 千字 |
| 版　　次 | :2018 年 5 月第 1 版　　2020 年 1 月第 3 次印刷 |
| 定　　价 | :65.00 元 |

# 前　言

　　近年来，多次局部战争中无人机在侦查、监视与打击方面的突出表现，使其在现代作战系统中的重要性越来越突出。无人机的高机动性与快速部署的特点，更适用于紧急作战需求。各国在纷纷研制与突破无人机作战效能、可承受能力、通用性、互操作性以及集成性等多种关键技术的同时，也深刻意识到想持久保持无人机战备完好性，实现"来之能战、战之能胜"的军事需求，必须要有相匹配的后勤保障体系。多次战时延误的事例也证明了全寿命周期内任一环节的后勤保障不力，都会导致战争态势的瞬息逆转。而无人机本身作为空、地、海协调配套的独立系统，具有空、地、海等多种复杂服役环境以及长期后勤存放等特点，加之越来越复杂的任务环境（如昼夜留空的侦查型无人机），其后勤保障的重要性尤显突出。美国国防部在"2013无人飞行系统路线规划图"中明确提出了后勤保障的重要性及挑战性。

　　无人机的后勤保障问题涉及地面装备和空中无人机等无人机系统的方方面面，既关乎材料、设备及系统设计的合理性与先进性，又受到后勤阶段各种环境、使用维护以及各项管理措施的影响。如果孤立地从后勤阶段对装备能力的保障出发，不但费用消耗会远高于设计生产的费用，而且还难以确保装备能满足任务所需。因此，需要应用系统工程的观点加以综合分析，从无人机系统立项到保障使用全过程全面审视保障问题，从提出保障指标、设计并达到保障能力要求、测试发现后勤保障问题及维护维修恢复到要求水平，进行全系统全寿命保障。装备全系统全寿命保障的核心是在装备的设计、研制、生产、采购、补给、使用和报废的全过程中，把装备保障因素考虑进去，这样才能通过后勤阶段切实起到保障作用，从而提高装备全寿命期的战备完好性水平。

美国在"2013无人飞行系统路线规划图"中明确提出了低成本/高可靠元器件与材料、复合材料的修补改进技术、有效预计后勤环境下寿命、健康诊断集成技术、集成制造以及维修零件制造、腐蚀控制等多项具体的可靠性、可用性以及维修性(RAM)技术的规划路线,从根本上来说,也是提高后勤保障水平的设计措施。然而,没有保障装备以及后勤阶段完善的测试能力和先进的维护维修技术,也难以保持既定的可靠性和战备完好性。而且随着军事技术的迅猛发展,新型武器装备对保障装备的依赖程度会越来越强。

大量的经费需求成为提高无人机系统可靠性与战备完好性的一个关键因素,而经济实力又限制了国防预算不能无限量增加。美国在20世纪末就致力于改进后勤管理模式,希望以更加高效的后勤系统来缓解费用与可靠性的矛盾。因此,科学的后勤管理成为优化整合后勤阶段人、财、物并保持各种设计能力的有效手段。传统的保障做法已经不能满足现代快节奏的战争需要,而且信息化战争的需求使快速反应、精确保障成为必然发展趋势。后勤网络和信息化技术会使无人机的后勤保障更加便捷和高效。

本书希望从无人机全寿命周期后勤保障的角度,兼顾保障性涉及的工程与管理两方面,重点探讨相关技术涉及的内容和方法,梳理出提高无人机后勤保障能力应该重点开展的技术研发与管理研究等方面的工作。全书共分为七章,包括无人机后勤保障的定义与内容、无人机保障性分析、无人机后勤保障维修技术、无人机后勤保障测试技术、影响无人机后勤保障的设计因素、后勤保障管理技术以及后勤保障的信息化技术。

本书是在参阅诸多文献资料的基础上,结合编者的科研成果与工程实际经验编写而成的。其中第4章由李正、李斌编写,其余章节由李正编写。在本书编写过程中,白风宇、雷鹏、周嘉伟、张驰等学生参加了资料收集、图表编辑等工作。

本书尽可能从无人机系统后勤保障的通用流程出发,阐述装备系统全寿命期内的后勤保障活动及内容,可作为无人机后勤保障技术的通用大纲,为无人机设计单位、使用单位以及相关专业技术人员开展相应的后勤保障工作或研究提供参考。

由于知识和经验的局限性,本书的不妥之处在所难免,诚望广大读者批评指正。

编　者

2018 年 1 月

# 目 录

第 1 章

# 无人机后勤保障的定义与内容

军事后勤保障的形式与内容随战争的产生与发展而不断演变和发展。从冷兵器战争、热兵器战争、机械化战争到信息化战争等不同发展时期,后勤活动的总体需求及保障重点各不相同。从产品全寿命周期的角度,提出无人机综合后勤保障的定义、了解综合后勤保障的意义、明确综合后勤保障内容及涉及的参数体系,便于在了解无人机后勤保障能力与现状的情况下对综合后勤保障的概念进行全面了解。

# |1.1  后勤保障简介|

产品综合保障是 20 世纪 60 年代兴起的一门学科,在军用飞机研制中称为"后勤保障",在民用飞机研制中称为"产品支援"。维基百科对后勤保障的解释是军队的后勤对前方各项工作的保障。它主要包括给养等物资保障和技术保障、交通保障等全面、及时、不间断的后勤保障,是巩固和提高部队战斗力、完成作战和各项任务的重要保证。

后勤保障问题一直是兵家征战期间战事地位保障的关键。我国古代就有"兵马未动,粮草先行"之说,在西方,被誉为"兵圣"的德国军事家卡尔·冯·克劳塞维茨在其著作《战争论》中著有"补给"一章专门论述后勤补给,可见后勤保障的重要性。在不同的发展时期,对后勤的总体需求有所不同,而且不同的战争形式,后勤的保障重点也不同。在目前以信息技术为主的信息化战争中,后勤保障的广度和宽度都在发生巨大变化,只有在处于信息大系统中的各种作战系统后勤保障及时到位的基础上,才有可能对整体大系统起到支撑和保障作用,否则,任何一个环节的保障出现问题,都将导致无法实现全系统的功能。

随着科学技术的进步,无人机的使用规模和应用领域大幅增加,对后勤的依赖性也越来越大,后勤支持得力与否成为系统初始功能能否实现的关键影响因素。作为未来空域的一个关键部分,要保证快速部署与高机动性能,包括地面控制系统与无人空中飞行器都需要有完善的保障措施。因此,无人机寿命周期各阶段明确的后勤保障技术、方法、规则与流程,对于实现预定功能、预防或修正可能出现的重大问题具有不可估量的积极作用,甚至可以说,无人飞行系统与有人飞行系统的后勤保障是相同的。

后勤保障不是一个孤立的寿命阶段。以实现飞机完好性为目标,保障活动虽然主要在应用阶段进行,但保障能力的实现需要贯穿在无人机系统的全寿命周期,必须要通过设计体现、制造实现、复杂使用环境下性能保持与维护等多阶段、多剖面的综合协调。因此,无人机的后勤保障过程是一个流程长、时域宽、地域广、环节多的复杂系统工程,对其保障技术的研究需要综合应用工程专业技术与管理技术等多种技术手段。

# |1.2   后勤保障的概念|

## 1.2.1   后勤保障起源与发展

军事后勤保障活动是随着战争的产生而产生的,随着冷兵器战争、热兵器战争、机械化战争、信息化战争等战争史上不同的战争形态对战争规模、资源消耗、专业化水平的发展要求而不断演变和发展。

### 1. 冷兵器战争时代

冷兵器战争的最初阶段,军事后勤保障模式只是单兵的"自给自足",即自行携带、自我保障。到冷兵器后期,依托后方供给的后勤保障模式逐步发展,粮草、车马和武器的后勤保障制度和机构逐步建立。如秦汉时期,从中央、地方到边疆已经有机构与官员负责各项后勤保障;在同期的古罗马,也出现了"军需官"等后勤运作官员。该时期的后勤保障为"以战养战模式",从编组形式、管理训练、组织指挥到方法选择上,都处处烙下农业、手工业时代的印记。我国从汉武帝开发西域的军屯部队,曹魏、唐、宋、明的军屯、官屯兼行,到成吉思汗民族大迁徙式的远征军和努尔哈赤的八旗制度,大凡具有持久保障能力的后勤,多为兵民合一结构。部队开到哪里,社会的经济活动就被带到哪里,部队远征往往赶着牲畜,携带所有生产、生活资料,甚至兵器、盔甲也要自己打造,物资来源主要是"取用于国,因粮于敌"、实行屯田等。在武器装备管理制度上,已经形成了武器生产"物勤工铭"、武器出入库严格登记、军马烙印造册、医疗巡接诊、军费会计簿等一系列较完备的管理制度,运行管理也相当严格规范,使得其保障得以有序进行。

## 2. 热兵器战争时代

火药兵器的使用使后勤保障模式和制度产生了新的发展和变化。到热兵器战争后期,后勤保障已由就地供应为主完全转变为后方供应为主。由于弹药物资消耗量与装备的损坏率均大大增加,后勤保障组织机构开始独立,并与军事部门平行,部分国家成立了专门的组织机构。我国晚清时期,袁世凯组建北洋新军,军事后勤开始正式自成体系,建立了自己的仓库、医院和工厂等实体。而且军事后勤总体上虽然仍是统一保障形式,但是随着海军、空军的建立,各军兵种逐渐脱离了陆军系统,开始实行自我保障,三军分供体制初步形成。三军由于至少有80%的保障产品是相同的,因而也存在人力、物力等资源上的浪费。随着汽车、轮船、铁路运输的问世,运输手段不断改进,后勤保障方式开始了由伴随保障向伴随保障、接力保障并举发展。如我国清朝时期,清军在朝鲜战场上战线长达三四千米,清政府组织了关内、关外两条运输线,设立了数个供应局,进行接力运输保障。

随着战区的组织形式开始出现,区域化基地保障初露,逐步发展为主要依托兵站、仓库组织后勤保障。如清朝海军建立后,分别组成了北洋、南洋两大战区,每个战区内有一定的后勤机构。民国时期,国民党军队在20世纪30年代建立了5个战区,每个战区内设立若干个野战兵站进行保障,兵站的形成是区域化基地保障的雏形。到了20世纪40年代联勤体制建立,基地保障进入成熟阶段。基地保障不仅划区明确、辐射面宽,当时全国建立了19个供应区,覆盖了全国各个地区,而且供应、生产一体化,每个供应区不仅掌握仓库、医院、运输、工程、警卫部队,还负责军工生产任务,掌握部分兵工厂,使其保障功能相对配套齐全。

## 3. 机械化战争时代

在机械化战争时代,后勤保障在战争中的作用完全被人们认识和肯定,军事后勤保障系统得到了极大发展。作为机械化战争典型代表的第二次世界大战是军事后勤发展过程中一个具有决定性意义的重要阶段,战争中极为丰富的后勤保障实践表现出现代战争后勤的诸多基本特征,而且对后来各国军队建设甚至近期几场高技术局部战争的后勤保障都产生了极其深远的影响。其主要特点包括以下几方面:

(1)后勤保障系统开始模块化、功能化

第二次世界大战期间,一艘航空母舰乘员已达1 000余名,需要几十个部门保障,每天消耗油料几百吨。20世纪30年代纵横于战场的坦克、火炮、装甲车、轰炸机等都毫无例外地需要专门的后勤部/分队来保障,如太平洋战争中,美国海军和陆军的后勤保障划分为交换勤务、共同勤务和联合勤务三种进行分门别类地组织实施;实行统供与分供相结合的保障体制,如海湾战争的"沙漠盾牌"行动中,美军对通用物资和专用物资实行了统分结合、上统下分的保障方式,使后勤力量得以集中使用,对保障诸军兵种联合作战起到了重要作用。

(2)联合后勤保障模式开始正式出现

诸军兵种之间联合作战的兴起,牵引军事后勤走上了联勤保障的道路。第二次世界大战中,苏联成立了陆海空军防御地域统一的联合后勤,战役后勤部门由濒海集团军和海军基地的后勤指挥机关和部队联合组成。1944 年 6 月盟军诺曼底登陆,美军建立了战区联勤体制,指定陆军统管三军给养,海军统管三军油料采购。在第二次世界大战之后的诸多战争中,三军联勤保障的应用越来越完善,联合后勤保障理论成为各国军事部门和研究机构竞相研究的热点。很多军事后勤专家认为,第二次世界大战展露的联合作战后勤保障理论,是军事后勤保障史上的一座丰碑。为了克服后勤保障滞后性造成部队行动的羁绊,促使后勤保障规章制度建设走向规范化。世界主要军事大国后勤保障不仅注重后勤保障各级战备值班制度建设,而且制定、完善各种应急保障的后勤战备方案,组建快速反应的后勤保障分队等,以切实提高后勤的快速保障能力。

战争历来都有两重性,规模空前的机械化战争,给人类带来了深重灾难,也对经济和科技的发展产生了重要的推动力。在第二次世界大战交战方围绕经济力量和组织力量进行的大对抗、大较量中,后勤保障社会化也取得了长足的发展,既大大提高了后勤的保障效率、反应速度和整体保障能力,而且其军事经济效益也得到了很大提高。海湾战争中,美国政府 80 多个经济和技术部门为军队筹集作战经费和物资;38 家航空公司、几十家海运公司、7 个州的铁路部门和数百家汽车运输公司为美军提供运输服务;73 家公司供应食品、服装和药品,1/3 的民用企业紧急生产沙漠地区作战所急需的装备和物资,总价值达 284. 6 亿美元。而到科索沃战争、阿富汗战争和伊拉克战争时,美军后勤保障中的民营成分进一步增加,其军队物资采购、运输、储存和分发,主要由民营企业承担。

(3)后勤保障依托范围开始国际化

机械化战争在促进军队后勤系统的自身建设与发展方面起到了不可估量的作用,同样也进一步推进了世界军事后勤发生深刻的变革,促使世界军事强国深入地探索后勤发展的思路、模式和目标。由此,国际后勤理论也在第二次世界大战中产生并获得了发展。

国际后勤是指国际军事斗争中多个国家或地区的军队为达到共同的战争目的,在人员、物资、经费、设施和服务等方面实行统一协调、相互支援、相互合作的后勤保障活动。国际后勤作为一种合作架构,按照合作的形式可分为五种基本

类型：军事同盟型、随机支援型、民间援助型、多国维和型、军品贸易型。

### 4.信息化战争时代

机械化战争对科技进步的重要促进,为信息化战争时代的来临提供了技术基础。信息化战争是以军事体系信息化为基本标志的。通常认为,信息化战争是以20世纪90年代发生的海湾战争为起点,此后的"沙漠之狐"行动、科索沃战争以及阿富汗战争,是孕育信息化战争雏形的"母体",是机械化战争形态向信息化战争形态转变的过渡,伊拉克战争则是世界从工业化时代向信息化时代转变中的一场信息化战争。战争形态发生了质的变化,必然导致后勤保障发生质的变化。

信息技术和新概念武器在军事领域的广泛运用,提高了现代武器装备的打击精度和部队的远程机动能力,后勤保障精确化理念应运而生,并成为信息化战争后勤保障的重要支撑。精确保障,就是在准确的时间和地点为部队作战提供准确数量与质量的物质技术保障,即适时、适地、适量保障。它包括对后勤信息的精确掌握、对后勤资源的精确输送和后勤力量的精确运用三方面要求。随着精确后勤保障理念和目标的确立,针对信息化作战后勤保障指挥空间多维化、保障内容多元化和协同单位多头化的趋势,世界主要军事强国军队纷纷开始实施新的后勤战略。依托科技和社会资源建立超常的后勤保障编组,实现立体配送、联合聚焦和军民一体保障,成为21世纪军事后勤保障发展和演进的主要方向。

## 1.2.2 后勤保障的定义

只偏重飞机性能的传统研制方法,对飞机保障条件的考虑缺乏协调性和配套性,使部队在实际使用时出现技术资料不齐全、故障检修困难、备件供应不及时等一系列问题,导致飞机的出勤率不高,难以形成有效战斗力。后勤保障正是解决这些问题的有效方法。

后勤保障的内涵是逐步发展形成的,其定义也历经多次变化。通常的后勤保障是军队组织实施物资经费供应、医疗救护、装备维修、交通运输等各项专业勤务保障的总称。随着装备全寿命周期对保障需求的发展,单纯的使用阶段的保障已转向全寿命阶段的保障,故而提出了"综合后勤保障"的概念。针对综合后勤保障的实质性内容,文献[2]将后勤保障定义为"为实现战备完好性目标,在装备设计中综合考虑保障问题,以改善其保障特性并确定最佳的保障要求,合理地采办保障资源,以最低费用为使用方提供所需保障的综合管理和技术活动"。我国《装备综合保障通用要求》(GJB3872—1999)将装备综合保障定义为"在装备的寿命周期内,为满足系统战备完好性要求,降低寿命周期费用,综合考虑装备的保障问题,确定保障性要求,进行保障性设计,规划并研制保障资源,及时提供装备所需保障的一系列管理和技术活动。"无人机的后勤保障是指在无人机寿命期内,对无人机系统的任务支持、调度、物品转运、维修/测试与守备、可靠性/安全性/可用性/维修性的设计与操作、地面支持基站与无人飞行平台的后勤以及潜在的人力资源支持等。后勤保障效率是影响系统初始功能能否有效实现的关键影响因素。

无人机仅是在飞行平台上无人直接驾驶,其后台的任务支持以及后勤保障都需要大量的人力支持。因此,从组成要素来讲,后勤保障有"人"和"物"两种核心保障要素。"人"是指无人机全寿命周期各种保障活动的主体。从保障需求论证开始到实际后勤阶段的各种保障活动,都离不开主体的人的参与,但在装备寿命期内工作开展的不同阶段,参与的人群与责任分工会各有偏重:在论证阶段要进行保障性分析、在设计阶段开展保障性设计、在生产阶段研制和生产保障设备与产品、在系统保障与使用阶段提供保障所需的各种技术资料,进行产品测试、维修、运输以及对各种保障活动的培训进行后勤保障过程管理等等。"物"是指配合人完成后勤保障相关的各种工作所需的物品。仅就无人机系统后勤阶段来讲,包括配合人完成保养、检测、维修、部署和运输等各种保障活动所需的备件、消耗品、设备等各种物资。只有进入服役阶段的无人机才有后勤保障活动,但后勤保障效率与水平需要通过贯穿无人机全寿命周期对相关技术的设计、实现与使用来体现。

## 1.2.3　后勤保障的意义

### 1. 提高设计水平,保持全周期战斗力

后勤保障在型号研制过程中占据极其重要的地位。保障能力是先通过设计指标满足后借助保障活动实现的。无人机的保障性会受到各种因素的影响,其中最直接的影响因素是可靠性和维修性。可靠性高,才能保障生存力和战争主动权。战争和非战争原因已造成多架无人机损毁,事故率高已成为制约无人机功能发挥的短板。因此,将后勤保障与无人机本身的设计结合起来综合考虑,既可以提高无人机系统的设计水平与全寿命质量,为实现战备完好性目标提供保证,还可以提高无人机系统本身的可保障设计特性,促使保障系统的设计更加完善。美国已经在无人机路线规划图中明确制定了提高可靠性、维修性以及可用性设计水平的近、中期目标与研究重点,而且还规划了后勤保障活动涉及的关键措施,对全面提升无人机的设计水平,实现全生命周期战备完好性作用巨大。

### 2. 提高保障精度，确保战争时效

在信息时代，信息已成为极其重要的战略资源，信息优势是夺取决策优势和全面军事优势的基础。信息化使战争节奏进一步加快，时间越来越短。美军借助战场信息系统逐步缩短反应周期，实现快速精确打击：从海湾战争的 3 天，科索沃战争的 2h，阿富汗战争的 19min，到伊拉克战争几乎达到实时打击。这样，过去需要几小时乃至更长时间才能完成的保障任务，现在必须压缩到几分钟甚至数秒钟内，因此作为作战系统的一分子，无人机保障的精度要求也需要极大改善。实现后勤精确保障，前提是对包括军地人、财、物信息在内的后勤信息的精确掌握，首先就需要后勤保障力量的高度融合，将战场信息、后勤需求和运输力量紧密结合起来。从某种程度上说，无人机作为侦查监视的排头兵，具备相匹配的快速反应能力对于制信息权具有决定性的意义。

### 3. 推动武器装备技术的发展

随着需求的不断深化、技术水平的不断提升，人们对无人机的可靠性、维修性以及可承受性的要求不断增加，而国防预算压力又呈逐年增加的态势，因此，如何解决成本与效益之间的矛盾成为无人机系统发展的必然选择。成本效益高的后勤保障可以大力推动长期复杂环境下无人机系统性能保障技术的发展。一方面，高机动、快速、精确反应的现实需求，直接推动了无人机系统的信息化、智能化技术的大力发展，如环境感知、智能控制、多模复合制导、主动雷达隐身、系统协同、长周期复杂环境储存技术、智能测试诊断技术等。另一方面，超越传统的保障环节，引进现代企业的价值链概念，以用户即作战部队为中心，后勤保障实现主动、立体、越级配送，是信息化战争在军队后勤保障方式上的一个革命性转变。而这些技术的逐步成熟与发展，又会辐射带动相关技术的发展。

### 4. 降低伤亡

虽然无人机飞行器上不再有人员，但地面装备还需要一定的人力操作与支持，合理的后勤保障对保持预期的安全水平意义重大，一方面可以减少无人机坠毁事故，另一方面还可以规避地面人员的伤亡。后勤保障不到位极易发生损毁事故。在波黑战争期间，由于缺少零备件、维修技师以及训练有素的操控员等原因，"捕食者"的坠机率急剧上升。文献[4]给出了无人系统预期安全水平(Expected Level of Safety，ELS)的评估公式：

$$ELS = \frac{A_{\exp}\rho P_{\mathrm{pen}}(1 - P_{\mathrm{mit}})}{\mathrm{MTBF}} \tag{1-1}$$

式中　　(1/ MTBF)——失效率，即坠机率估计；

　　　　　$A_{\exp}$——坠机导致的地面损伤面积；

　　　　　$\rho$——无人机飞行区域的人口密度；

$P_{\text{pen}}$ ——人员被碎片击中的概率；

$P_{\text{mit}}$ ——由安全飞行终止系统降低坠机事故影响的概率（如弹道导弹降落伞、无人居住区的自动导引系统等）。

ELS 各相关参数的关系如图 1-1 所示。

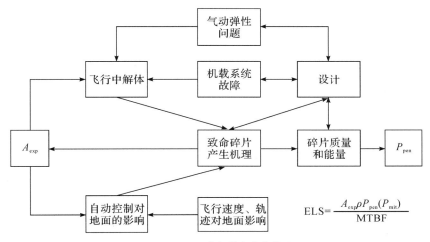

图 1-1　ELS 各相关参数的关系

**5. 缩短研制周期，节约研制费用**

传统的无人机系统研制，主要精力集中在满足性能指标的要求上，保障系统的研制通常与无人机本身的研制脱节。由于没有同步开展系统设计与保障性设计，导致一些需要依靠保障措施来维持的系统性能无法保持预计要求。过去的经验教训表明，如果采取事后补课的办法，既无法达到预想的质量水平，又影响研制周期。当保障系统与无人机的设计同步协调开展时，既能够得到最佳的效果，提高保障系统与无人机的效能，也可以避免设计过程中不必要的返工，这样不但可缩短研制周期，同时还可节省经费开支。

# |1.3　后勤保障的主要内容|

## 1.3.1　后勤保障要求

据美国海军陆战队的后勤文件要求，航空装备必须满足以下七项后勤要求：

1)响应能力(Responsiveness),是指要在所需的时间和地点提供有效的保障。后勤保障系统要能使无人机系统在任何地方都可实现短时部署、可靠待用。

2)灵活性(Flexibility),是指要能适应状态的各种变化。无人机系统在不同环境下执行不同用途的任务时,其后勤保障系统可适应条件变化并能保证系统的运行效率。

3)可达性(Attainability),是指要保证系统简洁,运行有力。后勤保障系统不能成为无人机系统有效运行的负担,如果用于保障的备件/工具/人员在后勤保障过程中的比例逐步增加,则会使无人机的机动性下降,同时也增加费用消耗。

4)生存力(Survivability),是指要保证系统功能的有效性。如无人机系统要通过 BIT 自检测确定系统是否正常、测得地面站是否有何失效或数据通信是否正常、预编程确定是否继续执行任务等。

5)耐久性(Sustainability),是指要保证任务执行的水平。在合理的费用条件下,无人机的后勤保障系统要对保持系统可用性和任务可靠性水平提供必要的保障。

6)经济性(Economy),是指要保证有限保障费用下达到有效服役。无人机的保障和维修过程要增加互操作性和通用性,以降低寿命周期费用消耗。

7)简洁性(Simplicity),是指在满足功能需求的前提下,要尽量使后勤保障系统的设计和使用简单化。

从无人机的等级划分来看,不同等级下,综合后勤保障的程度和要求也不同。

Ⅰ级:主要指手抛发射的微型无人机,这类无人机可无需专门的后勤工作。

Ⅱ级:主要指中小型无人机系统,有可移动的弹射发射系统,有效载荷可能包括传感器、激光测距仪、合成孔径雷达、地面移动目标雷达(SAR/GMTI)、智能信号器(SIGINT)等。该级无人机的后勤手段较少。

Ⅲ级:主要指大型和较复杂的无人机系统,可用在高海拔区、作战半径大、携带有效载荷(包括传感器、多用途雷达、激光、SAR、通信中继、SIGINT、自动识别系统 AIS 和武器系统)。该级的许多无人机系统要求有发射与回收区域,而且飞行器的飞行要通过卫星控制。其后勤手段与小型有人机相似。

## 1.3.2 综合后勤保障的内容与要素

从后勤保障的概念不难看出,综合后勤保障应是一个伴随无人机全寿命周期的技术过程,目的包括:①在装备的设计过程中进行保障性设计,使后勤保障的原则和设想综合到飞机的设计中;②确定与战备完好性目标相关的后勤保障要求;③规划并及时研制、采办必需的保障资源;④建立经济而有效的保障系统,以最低的费用提供所需的保障。因此,后勤保障过程既是与无人机设计统一协调的过程,又是对技术、经济、进度、质量等因素权衡的过程。

后勤保障包括在预期环境下对操作系统的部署,系统有效性与维修性计划以及与人员(指挥与维修)、工具和设备(耗损件和备件)等相关的所有操作。因此,综合后勤保障的内容包括保障性分析、保障性设计、保障性工程实施(测试与维修)等。

保障性分析是综合后勤保障的理论基础,是将无人机系统综合后勤保障工作纳入系统总体工程过程的主要手段,其主要作用是通过分析提出设计约束或设计更改建议,规定与装备保障特性充分协调的各分系统的要求与准则,包括考虑后勤保障时对产品设计的影响;在产品寿命的早期定义保障问题、完好性需求以及成本;建立经济高效的物理保障方案;建立后勤保障必需的数据与决策项目以及建立后勤保障和决策所需的必要信息。

保障性设计是实现装备战备完好性能力的关键过程,涉及环境适应性设计、可靠性设计、可维修性设计以及可测试性设计等。这些设计过程都是围绕系统战备完好性与无人机功能性能的设计同时开展,从新型号立项、方案论证开始到设计、研制、生产、交付使用的各个阶段反复迭代、综合权衡。

保障性工程是巩固和提高装备战斗力,保证完成各项任务的具体实施过程,包括后勤保障过程的测试与维修设备、设施、人力、包装/装卸/贮存和运输、培训、技术资料以及数据信息管理等技术。

综合后勤保障涉及的要素包括 9 类,具体名称如图 1-2 所示。

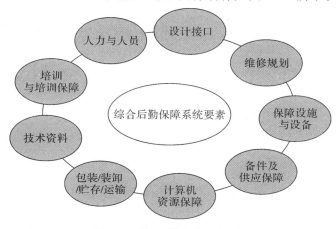

图 1-2  综合后勤保障系统要素

**1. 设计接口**

设计接口指与保障有关的设计参数(如可靠性、维修性、测试性等)与战备完好性及保障资源之间的相互关系。保障性设计对产品及其相关过程的集成性、并行设计、维修以及保障的影响是一个系统的过程。该过程中,设计开发人员从一开始就要考虑产品全寿命周期的各种因素,如质量、费用、周期以及用户需求等,并致力于将后勤的基本要素贯穿于最终产品的设计和相关性能参数中。

**2. 维修规划**

维修规划是研究制定系统寿命期内维修方案和要求的工作过程。该过程包括以下几点:

1)明确所有等级的系统维修概念,权衡系统可能需求的相关维修。

2)明确保持指定战备水平所需的维修任务,包括关键和高级别的任务。

3)明确每一维修等级所用的技术、工具、测试测量和诊断设备(TMDE)、保障设备等,以及对可换件或可维修部件的设计分析。

4)明确每种可选保障的优缺点及对系统设计的保障效果、系统完好性目标(SRO)、寿命周期使用与保障费用及对综合保障各因素的影响。

5)总结军种间已用的或计划的保障措施,承包方暂时代用的或全寿命周期的软件保障以及承包商的承诺。明确在过渡阶段可能出现的问题的解决方案。

6)所有可能的仓储维修信息。

7)对于多用途的系统,明确集中维修和供应的需求与可行性。

**3. 保障设施与设备**

其是指保障系统使用和维修所需的基础设施与保障设备等。基础设施指为了获取系统运行、维修及储存的永久或半永久不动产及保障设备过程中的各种管理活动、流程及技术,包括选址、设施类型、空间需求、安全需求、环境需求以及相关的设备需求,功能区域涵盖飞机存放、供给品存放、设备存放、危险品储存、维修区以及跑道等。保障设备包括地面勤务和维修的设备、卡车、空调、发电机、工具、标校设备以及测试设备等。

**4. 备件及供应保障**

备件规划与管理以及采购、分类、接收、转运、拨发和处理补给品要求的所有管理活动、流程和技术。该阶段要能保证在各种时间、地点都能满足所需的备件、维修以及供应需求,确保作战或维修人员能以最低的费用消耗保障设备/能力处于最佳水平。

**5. 计算机资源保障**

计算机资源保障指获取系统操作与维修过程中所需的计算机硬件、软件、设施、文件和人力等过程中所有的管理活动、流程与技术。计算机资源的有效性、数据质量、人机交互等保障效果直接反映在系统运行与保障的能力上。

**6. 包装、装卸、贮存和运输**

保证所有系统、设备和保障项目得到正确包装、装卸、贮存和运输所需的资源、过程、程序、方法及设计考虑，包括环境因素和设备短期与长期贮存的封存要求及运输性。无人机的列装与部署，需要满足一定的包装、装卸、储存与运输要求，系统组成、环境条件以及危险物品等都会影响包装、装卸、储存与运输的能力与需求。如捕食者和死神等传统的中空长航时无人机，通常由四架无人飞行平台、一或两套地面站、一或两套地面数据终端、保障设备以及一些重要备件组成，这些系统或设备要保证运输前完好包装，而且不同无人机的运输能力不同，如秃鹰 An-124，伊留申 IL-76 或 C-17 通常可空运 2～3 次，而 C-130 或 C-160 是 6～7 次。

**7. 技术资料**

技术资料指对用户提供指导的、描述系统费用和维修活动与要求的技术文件，可为部署后的系统保障提供必要信息。其包括无人机系统寿命期内所有的与设计、选材、制造、工艺、组装、测试、使用、维修、报废等相关的科学与技术信息。

**8. 培训与培训保障**

为充分发挥无人机系统的性能，从理论和实践两个方面培训学员熟练正确地操作无人机系统、掌握测试维修等基本方法和技能，以保持系统的战备完好性水平。人力和人员按照装备平时和战时使用和保障所需的技能和等级标准，确定保障使用和维修所需人员的数量和技能，以保证系统操作和维修所需。

## 1.3.3　保障性参数体系

保障性参数用来度量在研制和使用过程中综合后勤保障工作的优劣程度，既包括保障性设计参数，也包括保障资源参数。保障性参数体系是一个复杂庞

大的参数体系,与可靠性、维修性体系有很大交叉,但又不完全相同。按度量对象的不同,保障性参数可分为以下三部分:

**1. 度量装备系统的参数**

度量装备系统的参数主要针对装备系统的战备完好性,参数既能考虑航空装备本身的保障特性,又能兼顾保障系统的转化效能。典型参数包括战备完好率、使用可用度、能执行任务率、出动架次率、再次出动准备时间、更换发动机时间、寿命周期费用和平均管理延误时间等。

(1)战备完好率

战备完好率是指当要求装备投入作战或使用时,能够随时遂行任务的完好装备数与实有装备数之比,通常用百分数表示。战备完好率适用于工作、停机相互交替过程的间断工作的任务剖面,通常表示为成功出动次数与要求出动次数之比。再次任务需求时,能否成功出动,受寿命剖面内任务间隔时间中的不能工作时间(如预防性维修时间、修复性维修时间、保障延迟时间和行政延迟时间、空闲时间和贮存时间)影响,如对于长期储存的无人机系统,其战备完好率定义为:在规定的贮存、维修和保障条件下,在规定贮存时间,当任务需要时保障部队存储的无人机系统能投入正常使用的概率。

(2)使用可用度

使用可用度属于可用度的一个范畴。可用度指装备在任意随机时刻需要和开始执行作战和使用任务时,处于可工作或可使用状态的概率。可用度主要用装备能工作时间和不能工作时间的比值关系来计算,根据考虑的因素不同,可分为固有可用度(仅与装备能工作时间与修复性维修引起的不能工作时间有关)、可达可用度(仅与装备能工作时间与修复性维修及预防性维修引起的不能工作时间有关)和使用可用度(与装备能工作时间与所有不能工作时间有关)。

(3)能执行任务率

能执行任务率是指装备在规定的期间内至少能够执行一项规定任务的时间与其由作战部队控制下的总时间之比。为能执行全部任务率与能执行部分任务率之和,也可以理解为实际执行任务的工作时间与要求执行任务的工作时间之比,简称为 MCR。

(4)出动架次率

出动架次率是在单位时间内可以持续出动的飞机数量。一项任务通常需要多架无人机组队完成,组队的无人机可以是无人机系统群,也可以是包括多架无人飞机的单套无人机系统,出动架次率既反映作战性能又体现了无人机的保障能力。

（5）再次出动准备时间

再次出动准备时间是指在规定的使用及维修保障条件下，连续执行任务的装备从结束上次任务返回到再次出动执行下一次任务所需要的准备时间。影响再次出动准备时间有多方面的因素，包括军用飞机的设计特性、军用飞机所执行任务的类型及使用保障资源配置等几个方面。

（6）更换发动机时间

更换发动机时间是指在具有一定技术水平的特定数量人员参加下，为接近、拆装和检查发动机，并使发动机达到可开车状态所需的时间。更换发动机时间是衡量军用飞机战时使用能力的主要参数，也是飞机与发动机设计特性和所计划的保障资源的综合反映。

（7）寿命周期费用

寿命周期费用指在装备的寿命周期内，用于论证、研制、生产、使用与保障以及退役等一切费用之和。

（8）平均管理延误时间

平均管理延误时间是指管理延误时间的平均值。度量方法为在规定的期间内，管理延误总时间与保障事件总数之比。

**2. 度量航空装备本身的参数**

针对装备的保障性设计特性要求，仅考虑航空装备本身的保障特性，主要包括可靠性、维修性、测试性要求，这些设计特性参数由系统战备完好性要求导出，既包含了大多数基本可靠性、维修性和测试性的参数，又包含一些其他参数，如受油速度、充电速度、平均校准准备时间间隔、平均校准时间等。

可靠性参数主要有基本可靠性参数、任务可靠性参数、耐久性参数、贮存可靠性参数；维修性参数主要有维修度、修复率、平均修复时间、最大修复时间、预防性维修时间、维修停机时间率等；测试性参数主要有故障检测率、故障隔离率、虚警率、不能复现率、重测合格率、平均故障检测时间、平均故障隔离时间、BIT可靠性等。可靠性、维修性和测试性主要参数在后续各章具体介绍。以下主要介绍其他参数。

受油速度：地面加油时每分钟，指能注油多少升。空中受油时，还要考虑受油机与加油机的对接时间。

充电速度：使蓄电池达到或接近完全充电状态的时间，通常以分钟或小时计。影响充电速度的主要制约因素是蓄电池在充电过程中产生的极化现象。充电电流愈大，极化现象愈严重，电池就愈不能充足。

平均校准准备时间间隔：机上设备或标准测试设备从上一次校准到下一次

指定校准所需间隔时间的平均值。

平均校准时间:对某给定设备或参数进行校准的平均时间。

### 3. 度量保障系统的参数

针对保障系统及其资源的要求,仅考虑保障系统的效用,这部分参数涉及面较广,如备件供应参数、保障设备参数、人力资源参数、技术资料参数、包装/装卸/贮存/运输参数、设施参数、培训参数以及其他参数等。

(1)备件供应参数

备件供应效能参数,是进行备件优化的目标参数,同时也是预计和评价备件供应能力和供应质量的标准。如单项备件供应效能参数:①单项备件的保障概率(库存量满足需求的概率);②系统备件供应效能参数,包括备件供应满足率(指在单位时间内备件满足的供应数量与实际需求的供应数量的比值)、完备率(指单位时间内系统各项部件均不存在缺件的概率,其数学表达式通常表示为系统各项备件保障概率的乘积)、缺件数(指单位时间内系统部件出现缺件的次数之和)、供应可用度(指装备在任意随机时刻需要补充备件来完成作战和使用任务时,备件能够及时供应并使补充的系统处于可工作或可使用状态的概率,反映备件供应效能对装备战备完好的影响程度);③备件平均需求间隔时间:在规定的条件下和规定的期间内,产品寿命单位总数与对产品组成部分需求总次数之比。需求的产品组成部分如现场可更换单元、车间可更换单元等。

(2)保障设备参数

保障设备参数包括所有能体现对测试设备、维修设备、试验设备、计量与校准设备、拆装设备、工具等是否满足保障能力的衡量性指标。

(3)人力资源参数

人力资源参数包括使用与维修装备所需人员数量、人员培训量等。

(4)技术资料参数

技术资料参数包括描述资料是否齐全的衡量性指标。

(5)包装/装卸/贮存/运输参数

包装/装卸/贮存/运输参数包括包装容器和装卸设备的标准化率、运输能力满足率、装卸设备满足率、库存设施满足率、包装设备满足率、运输能力利用率、装卸设备利用率、库存设施利用率和包装设备利用率等。

(6)设施参数

设施参数是指使用与维修装备所需的永久性和半永久性的建筑物及其配套设备。它包括设施利用率和设施满足率。设施利用率是盛放设备(汽车、卡车、飞机、机车、拖拉机、拖船等)的设施(如飞机场、车站、码头或港口)效率,用停靠时间来衡量。设施满足率是建筑物及其配套设备能够满足实际需求量的比率。

# |1.4 无人机后勤保障发展现状|

自 20 世纪 60 年代初,美国国防部首次规定在装备设计中应用综合后勤保障技术,开展综合后勤保障管理活动始,美国历经几十年的发展变革,期间相继出台了许多相关的标准与指令(见图 1-3),逐步将后勤保障的概念和内涵拓展延伸到装备的全寿命周期。

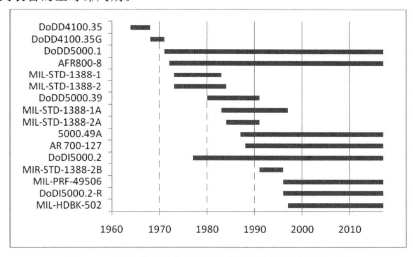

**图 1-3 美军与综合后勤保障相关的部分标准规范及制定时间**

注:DoDD4100.35《系统和设备的综合后勤保障的研制》

DoDD4100.35G《系统和设备的综合后勤保障的采办和管理》

DoDD5000.1《重大国防系统的采办》

AFR800-8《综合后勤保障大纲》

MIL-STD-1388-1《后勤保障分析》

MIL-STD-1388-2《国防部队后勤保障分析记录的要求》

DoDD5000.39《系统和设备综合后勤保障的采办和管理》

MIL-STD-1388-1A《后勤保障分析》

MIL-STD-1388-2A《国防部队后勤保障分析记录的要求》

5000.49A《采办过程中的综合后勤保障》

AR 700-127《综合后勤保障》

MIL-STD-1388-2B《国防部对后勤保障分析记录的要求》

MIL-PRF-49506《后勤管理信息性能规范》

DoDI5000.2-R《重大国防采办项目和重大自动化系统采办项目必须遵循的程序》

MIL-HDBK-502《采办后勤》

无人机后勤保障

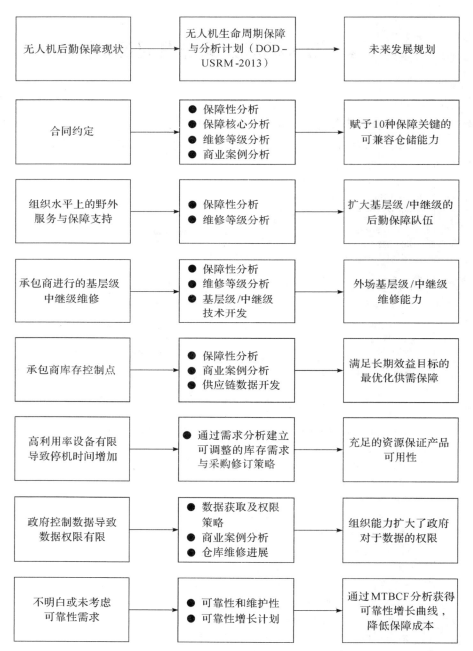

图 1－4　寿命周期保障计划分析路线图（引自 DOD－USRM－2013）

自 20 世纪 70 年代以来,我国国内在引进、消化、吸收和借鉴国外经验的基础上,装备部门相继制定并颁布了各类装备保障军用标准。1999 年,首次颁布的针对综合保障的标准,是目前我军实施综合保障的通用指导性标准。在此基础上,我军陆续颁布多项与综合保障相关的标准,如我国自 2010 年 11 月起施行的《武器装备质量管理条例》,第二十条明确要求"武器装备研制、生产单位应当运用可靠性、维修性、保障性、测试性和安全性等工程技术方法,优化武器装备的设计方案和保障方案。"这些工作为在我国普及和开展装备综合保障工作奠定了良好的基础。

无人机系统以及应用范围的迅速发展,对其后勤工作及性能保持带来了前所未有的挑战。为保证并不断提高无人系统的经济性和有效性,自 2011 年,美国国防部就要求相关采办项目必须制订保障计划。计划要涉及产品寿命周期内后勤保障的方方面面。如图 1 - 4 所示是"美国 2013—2038 无人机路线规划图中"提出的后勤保障计划与未来发展规划。

## 参考文献

[1]李峰,马惠军. 军事后勤保障模式与制度的历史演进[J]. 中国军事科学,2016(2):105 - 112.

[2]《飞机设计手册》总编委会. 飞机设计手册第 21 册——产品综合保障[M]. 北京:航空工业出版社,2000.

[3]刘东,李冬,杨海涛,等. 装备综合保障技术[J]. 国防科技,2009,30(6):45 - 52.

[4]Valavanis K P, Vachtsevanos G J. Handbook of Unmanned Aerial Vehicles[M]. Springer Netherlands,2015.

[5]曹明都,姜晓峰. 伊拉克战争中美英联军装备保障透析[J]. 装备学院学报,2004,15(2):18 - 21.

[6]Unmanned Systems Integrated Roadmap FY2013 - 2038[R]. UnderSecretary of Defense Acquisition, Technology & Logistics,3010 Defense Pentagon,Washington,DC,20301 - 3010,2014 年 1 月

第 2 章

# 无人机保障性分析

无人机综合后勤保障是通过全寿命周期内体系化的保障性分析实现的。决定系统和设备研制与生产过程的四大因素为性能、保障性、费用和进度。保障性分析就是通过分析确定出装备的固有保障特性以及与之协调的保障分系统要求,提出满足无人机系统保障性相关条件的设计约束或设计更改建议,提出系统全寿命周期内的保障要求和准则,指导装备使用过程中建立适用的保障分系统,提供充足保障确保无人机系统在寿命周期费用最低的前提下,能达到使用阶段战备完好性和保障性的目标。保障性分析可为系统和设备的保障性及费用等决策提供直接的输入数据。

# |2.1 无人机后勤特点及保障内容|

## 2.1.1 无人机系统组成

以无人机进行森林防火侦查为例,若某省、市防火指挥中心要监控远程某森林的火灾隐患或发生情况,需要通过地面指挥车指挥无人飞机起降并控制飞机完成相关侦查任务并获取侦查结果,然后再通过指挥系统借助通信卫星将结果传输到防火指挥中心。因此,从能执行任务的角度,无人机系统需要由无人机平台、任务载荷、数据链、指挥控制、发射与回收、保障与维

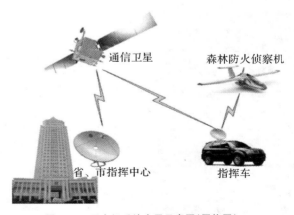

图 2-1 无人机系统应用示意图(网络图)

修等分系统组成。如图 2-1 所示为无人机系统应用示意图(网络图)。如图

2 - 2 所示为无人机系统功能结构图。

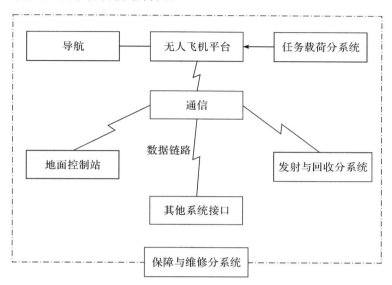

图 2 - 2  无人机系统功能结构图

无人机系统各分系统的功能和组成分别介绍如下。

## 1. 无人机平台分系统

无人机平台分系统是执行任务的载体,它携带任务载荷,飞行至目标区域完成要求的任务,包括机体、动力装置、航空电子设备等(见图 2 - 3)。航空电子设备中,机载飞行控制计算机的主要功能与系统模块如图 2 - 4 所示。

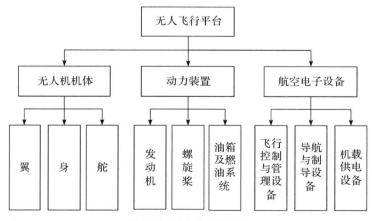

图 2 - 3  平台分系统组成

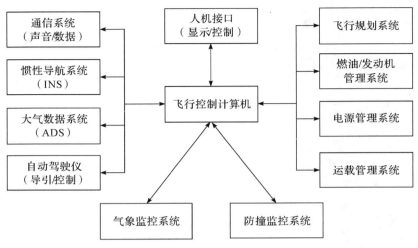

图 2 - 4   飞行控制计算机功能模块

## 2.任务载荷分系统

任务载荷分系统是完成特定任务要求的设备。按照无人机系统执行的任务功能不同,任务载荷有两种基本类型,第一种是非消耗性载荷,包括光成像设备、热成像设备、SAR 雷达成像设备和光电成像设备等照相与摄像等信息获取以及各种信息对抗类设备,主要用于执行侦察等信息支援和信息对抗任务,这类设备始终固定在飞机上;另一种是消耗性载荷,包括火力打击用弹药、火箭或导弹以及民用无人机中的农药、灭火器、邮件、物品等,主要用于执行火力打击、邮件投送、物品运输等任务,随着任务的执行,载荷会脱离飞行平台。如图 2 - 5 所示为任务载荷系统组成。

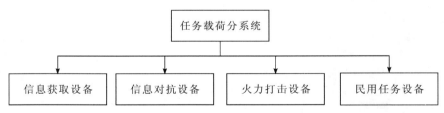

图 2 - 5   任务载荷分系统组成

## 3.数据链分系统

数据链分系统是在地面控制站与任务机之间,以及任务机与中继机、武器系统或其他操作平台之间,按照约定的通信协议和信息传输方式,实现对无人机的遥控(通过上行信道)遥测(通过下行信道),并进行指令交互、信息传递的无线通信链路,包括无线电遥控/遥测设备、信息传输设备、中继转发设备等。如图2-6所示为数据链分系统组成。

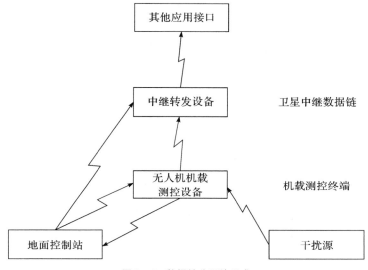

**图 2-6  数据链分系统组成**

### 4. 指挥控制分系统

指挥控制分系统是指完成指挥,进行作战计划制订,任务数据加载,无人机地面和空中工作状态监视与操纵控制,飞行参数、态势和任务数据记录等任务。它包括指挥控制站、飞行操纵与综合显示设备(如飞行航迹与态势显示设备、记录与回放设备等)、任务规划设备、情报处理与通信设备、与其他任务载荷信息接口等。如图 2-7 所示为指挥控制分系统组成。

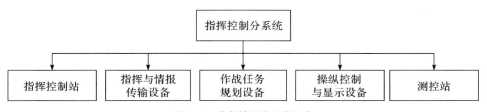

**图 2-7  指挥控制分系统组成**

### 5. 发射与回收分系统

发射与回收分系统指完成无人机的发射(起飞)和回收(着陆)任务;包括发射车、发射箱、弹射装置、助推器、起落架、回收伞、拦阻网等与发射(起飞)和回收(着陆)有

关的设备或装置。图 2-8～图 2-10 所示为几种典型的发射与回收方式图。

图 2-8　火箭助推发射装置(网络图)

图 2-9　舰载无人机拦阻索着舰(网络图)

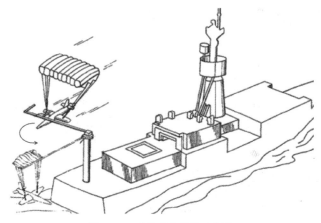

图 2-10　伞降拦阻回收示意图

### 6.保障与维修分系统

保障与维修分系统主要完成无人机系统的日常维护，以及无人机的状态测试和维修等任务；包括基层级保障维修设备、基地级保障维修设备等。如图 2 - 11 所示为保障与维修分系统组成。

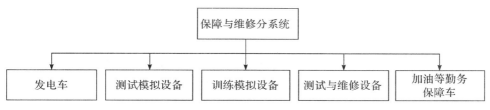

图 2 - 11　保障与维修分系统组成

# 2.1.2　无人机后勤特点

### 1.路基无人机

一般路基是指修筑在良好的地质、水文、气候条件下的路基。国内外目前列装的无人机主要为路基无人机，其发射与回收均在地面进行，包括可重复使用与一次性使用两大类。

为了保障服役期间的可靠性与战备完好性水平，路基无人机从列装到报废处置，后勤阶段需要进行的主要工作包括转场运输，任务前检测及任务状态就绪，保证任务过程中的性能水平，任务完成后的检修（针对可重复使用无人机）。可重复使用无人机的使用寿命剖面及寿命周期通用流程如图 2 - 12 所示，一次性使用无人机的寿命剖面及寿命周期通用流程如图 2 - 13 所示。

对于可重复使用无人机，任务前和任务后的保障活动是后勤保障的主要内容，主要包括运输、转场、检查、测试、保养、维修、训练等活动。

对于一次性使用无人机，长期储存期间性能的测试与保持是后勤保障活动的主要内容。该类无人机寿命的绝大部分时间处于贮存状态，系统的功能与性能必须通过定期的保养、测试和检修进行维持。

对于路基无人机，其后勤保障的内容与重点可以完全等同于常规武器系统，从方案论证开始，加大对保障性分析与设计的技术投入，贯彻全系统保障性技术措施，研发测试维修所需的后勤保障设备，确保全寿命周期内能保持规定的战技能力。

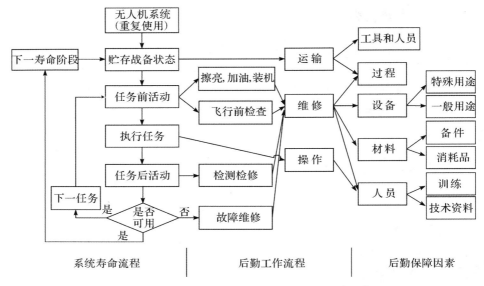

图 2-12　可重复使用路基无人机寿命流程及保障活动

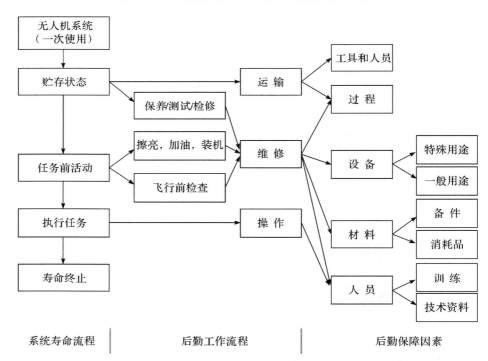

图 2-13　长储一次使用路基无人机寿命流程及保障活动

## 2. 海基无人机

海上基地具有机动性和灵活伸缩性,能够组建、装备、投送、支援和维持部队在海洋环境中实现海上防御或进攻能力,保护在海上和岸上作战的联合部队。海基无人机与路基无人机的主要区别是利用海上平台发射与回收。在未来冲突发生时,可放飞路基无人机进行 ISR 和打击的外围地点将非常有限,而且,只会有少量的航母投入战斗。诺斯罗普·格鲁门宇航先进系统经理拉尔夫·斯特拉奇称:"如果无人机可以在离岸 100 海里(1 海里=1.852km)的船上起飞,飞抵600~900 海里的范围,那么就可以对全球 90％以上的陆地面积实现 24h 的 ISR和打击,对海军现有能力较大提升。"把海洋作为机动空间,海基无人机已成为目前技术研发的又一个热点。美国的 X47 航母舰载无人机 2011 年首飞后,于 2015年完成了大量的飞行与集成运行测试,美国已计划在 2018 年前在航母上部署海基无人机;2013 年,美国海军发布了"航母弹射空中监视与打击无人机系统"(UCLASS)项目,希望在 2020 年装备部队;目前,美国诺斯罗普·格鲁门公司正在设计研制可以从海军 DDG-51 等小型甲板舰船上放飞使用的舰载海基长航时无人机"战术侦察节点"TERN;"鸬鹚"潜射无人机、XFC 潜射无人机、"海上哨兵"潜射无人机、"弹簧刀"潜射无人机系统等目前也取得了许多突破性进展,但总体来说,美军潜射无人机试验还处于初步阶段。如图 2-14 所示为美国 X-47B 航母舰载无人机。

因此,对于海基无人机来说,移动平台发射/回收以及海水环境下的腐蚀控制成为其与路基无人机后勤保障的最大区别,如后勤保障应确保结构材料、舰上(或水下)发射装置、回收装置等在整个服役寿命过程中保持坚固/抗压/耐腐蚀/密闭性等各种性能要求。其使用寿命剖面及寿命周期通用流程如图2-15所示。

**图 2-14  美国 X-47B 航母舰载无人机(网络图)**

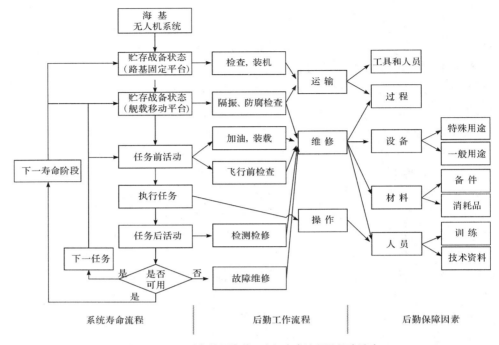

**图 2-15 可重复使用海基无人机寿命流程及保障活动**

由以上对无人机的寿命流程分析可知,无论是哪种形式的无人机,保障过程都将成为贯穿其寿命活动并反复出现的重要环节。

## 2.1.3 寿命阶段后勤保障活动内容

综合后勤保障包括四项基本活动:在设计中综合考虑保障问题、确定最佳的保障要求、采办保障资源、提供使用阶段的保障设备与条件。一种新型无人机系统的研发,需要在飞机性能研制的各个阶段,以战备完好性和保障能力为目标,同步研制与无人系统相适应的保障系统,否则备件与保障设备不足、维修人员缺乏或者技术文件及其他保障资源不足,都会导致无人机本身失去作用。系统和设备从论证开始到退役为止所经历的全部时期称为一个寿命周期,通常分为论证与方案、工程研制、设计定型、生产定型、部署使用以及退役六个阶段。

**1. 论证与方案阶段**

使用部门提出使用方案,使用方案应涵盖系统可完成的任务、性能范围、工作方式、预期的地面以及空中作战环境与使用环境条件、任务剖面、使用率、部署计划以及可用性或作战完好性等无人机效能评估标准。依据使用方案,由订购与承制双方联合确定新无人机系统的保障要求及说明文件。该阶段可以明确的无人机保障要求包括战备完好性指标及门限值、可靠性与维修性目标、备件要求、保障设备要求、人员要求、贮存与运输要求等。

### 2. 工程研制阶段

首先由承制方制定、使用方审查综合后勤保障大纲。大纲至少包含以下内容:综合后勤保障的目标与工作原则,组织机构与职责,总体工作进度,综合后勤保障的各个工作项目及其工作目的、方法、所需条件、工作输出类型及主要作用、责任人等,评审、评估或鉴定的要求与安排。大纲将无人机保障要求分配落实到配套成品承制单位,为详细设计(生产图纸设计)做好技术准备。其次,承制方开展后勤保障分析,修改完善综合后勤保障要求与说明文件,初步确定保障方案,提出新研系统的改进目标,对标准化问题作出规定,协调保障要求与飞机设计方案,将保障性设计有关参数(可靠性、维修性、测试性和运输性等)分配落实到配套成品研制单位,提出保障设备(含工具、检测仪器)推荐目录和保障设备配套要求文件、用户技术资料项目初稿及资料编制要求文件。

详细设计阶段,重点进行无人机的可保障性设计、保障系统的设计与采办。该阶段保障工作的具体内容包括:确定维修方案与保障方案,冻结可保障性参数指标,开展相应的后勤保障分析工作;通过可靠性、维修性、保障性设计准则指导无人机的设计,改善其保障特性,各结构/系统的设计工程师提出本专业所需的地面保障设备需求文件及备件清单;进行保障系统设计,采办保障资源,内容有编制保障设备、工具、检测仪器配套目录,提交上级机关与使用方审批;设计试制随机工具、设备并按照订购方要求组织定检、场站、二级检测等各类设备的配套研制工作;编写各项用户技术资料;确定备件要求并编写备件目录;提出人力与人员要求文件;研制训练设备,编写培训讲义,组织培训工作;提出外场设施要求文件;提出包装、装卸、贮存和运输要求与规定文件。

### 3. 设计定型阶段

通过各种试验,对无人机保障系统的适用性与可保障性进行评估与鉴定,具体包括组织进行保障系统有关项目的试验、试用与鉴定工作,包括与无人飞行器交联的适用性鉴定;组织进行有关项目及有关参数指标的测定、评审和评估工作;进行定型试飞外场技术服务的有关工作;给出保障系统是否满足战术技术指标中规定的要求及保障系统与飞机的适用性结果评价。

### 4. 生产定型与使用阶段

通过生产与使用,对保障系统及无人机系统的可保障性进行评估或鉴定,纠正发现的问题,具体包括:继续采办保障项目,完善保障系统;评估无人机系统的可保障性,继续进行保障系统的验证工作;对发现的问题进行分析、制定并落实纠正措施;使用部门调配人力满足使用维护要求,通过实践提出人力和人员的调整意见;承制方组织好外场技术服务,做好信息反馈工作;基于战备完好性目标,对维修计划、保障能力、使用和保障费用等进行后续评价与修改。

## | 2.2   保障性分析内容|

## 2.2.1   定义

《装备保障性分析》(GJB 1371—1992)对"保障性分析"给出如下定义:作为系统工程的一部分,是系统和设备综合保障的分析性工具。在系统和设备研制与生产过程中应用某些科学与工程的成果,通过反复地论证、综合、权衡、试验与评价的过程,以有助于:①考虑保障问题以影响设计;②确定与设计及彼此之间有最佳关系的保障要求;③获得系统和设备所需的保障;④在使用阶段,以最低的费用与人力提供所需的保障。

保障性分析工作是综合保障工作的一个组成部分,是在系统和设备寿命周期各阶段开展的所有相关工程与管理的活动,包括实施保障性分析所需的管理与技术资源、计划、程序、进度安排与控制等项工作。

保障性分析工作应与系统和设备的设计、研制、生产及部署使用一起加以规划与执行,应与系统和设备的类型及研制生产的进度相一致,要保证保障性分析成为系统工程的一个组成部分,并确定与其他工程专业工作(如可靠性、维修性、安全性等)的接口,以保证经济有效地实现综合保障的目标。

保障性分析工作的目标是促使保障性要求成为系统和设备要求的组成部分,以影响系统和设备的设计;尽早确定保障问题与费用的主宰因素;确定使用阶段的保障资源要求并建立保障信息数据库。保障性分析的最终目标是提高系统和设备的保障性与战备完好性、优化寿命周期费用与保障资源,以求在费用、进度、性能与保障性之间达到最佳平衡。

## 2.2.2　分析内容

结合系统寿命不同阶段后勤保障内容,综合后勤保障分析可包括如下内容。

**1. 综合后勤保障要求**

在论证阶段和方案阶段(包括方案论证与方案确认两个阶段)对保障系统进行完整的系统级分析。依据所研制无人机系统的使用要求,提出综合后勤保障工作的基本原则、目的、方法和范围,明确综合后勤保障工作机构的组成及职责;制定无人机系统的使用和初步维修方案,维修方案要体现维修策略、维修级别及各维修级别下的主要维修范围和维修深度等;制定与保障性有关的设计特性要求(如可靠性要求、维修性要求、测试性要求、运输性要求等)、保障特性要求(如地面测试效率、受油速率、发射架次率等)、保障系统要求(如保障设备利用率、备件可用率等);制定与设计方案及使用方案相协调的满足系统功能的保障要求,确定保障性、费用和战备完好性的主宰因素,建立满足系统保障性、费用和战备完好性的目标,进行综合权衡分析,明确保障性分析要求与保障要素规划要求。

**2. 综合后勤保障大纲**

综合后勤保障大纲包括综合后勤保障工作的监督与控制、保障要素规划以及试验与评价三方面:

1)综合后勤保障工作的监督与控制。重点提出对管理性工作项目进行全面协调和管理的方法机制,包括设计关键节点的综合后勤保障工作评审内容、要求以及评审的处理意见,明确承制方以及转承制方各自的综合后勤保障工作内容、计划及节点、流程以及双方工作协调处理方式。

2)综合后勤保障工作的要素规划。从方案确认阶段至后续的各寿命阶段,对综合保障的要素级进行保障性分析。确定系统的保障性要求、协调无人机系统的固有保障性与保障系统的关系,优化保障系统,确定保障资源要求,进行工作与技能分析,开展早期现场分析以及停产后的保障分析,提出保障系统各要素要求并确保要素之间的相容匹配,结合主装备的研制和部署计划,提出保障系统资源性要素的研制及配备进度要求。

a. 设计接口。从无人机系统—子系统—保障系统在性能设计、可靠性、维修性、人机工程、安全性、费用分析、综合后勤保障要素等方面进行保障性各工作项目分析,确定各相关设计参数与战备完好性与保障性之间的目标值、门限值以及设计与保障准则等接口关系。

b.维修规划。确定系统的维修工作类型、各层次产品的维修等级、维修所需人员、测试与维修设备及工具、设施、备件、技术资料等方面的需求；按照保障需求制定系统、子系统及关键产品的维修计划与维修大纲；最小可更换单元或可维修部件的设计与研制方法和要求等。

c.保障设施与设备。结合系统使用和维修所需开展的维修工作项目、频度、维修工作时间、维修间隔时间、维修方式和维修级别，确定系统、子系统及关键产品的使用和维修所需的保障设备项目、数量、主要功能、技术指标、技术要求等并进行设备的设计与研发；确定保管、存放和使用保障设备所需的基础设施位置、环境、空间及辅助设备等要求。

d.备件及供应保障。确定无人机系统计划维修和非计划维修所需消耗性备件以及周转用备件的种类及数量，符合不同维修级别的备件生产、订购、运输、贮存和分发机制。提出随机备件目录，明确随机备件订货项目、订货数量，同时也要提出推荐订货备件目录等。

e.计算机资源保障。确定机载、地面控制台以及保障设备中所需的计算机硬件配置与设施要求，编制数据通信、操作控制等无人机系统操作软件，验证计算机硬件及软件的环境适应性与可靠性，保证计算机软硬件资源正常工作所需的各种检测、测试设备等。

f.包装、装卸、贮存与运输。确定无人机系统及各级备件的包装、装卸、贮存和运输设备及其设计、研制与生产计划、过程控制以及交付使用等全流程中涉及的相关技术研究、试验、管理方法与措施等。

g.技术资料。它包括操作资料与各级维修所需的资料，如无人机系统系统说明书、电路/链路图册、发动机修理手册、定期检查与维护要求、机载设备检修手册、随机备件目录、地面保障设备与工具说明书、发动机故障分析手册、专用保障设备与工具手册等。修订前后的各种技术规范或操作手册均须明确标注。计算机程序和相关软件不属于技术资料，但由其产生的数据或信息应纳入技术资料。

h.培训与培训保障。为训练使用而制定的培训计划和采用的方法、程序、技术、训练装置和设备，以及这些训练装置和设备的采办和安装方面的保障规划。它包括制度培训、岗位培训、新设备培训、保障培训以及人员培训等，使相关人员掌握知识和技能，能在无人机的全寿命周期内保证使用、操作和维修的最佳效果。

i.人员和人力。平衡使用方人员发展现状以及无人机系统使用对人力人员的需求状况，确定使用与维护人员的技能水平和人员数量，以保证无人机系统平时和战时的利用率以及使用与维护要求。

3)综合后勤保障试验与评价。从方案论证至部署使用的各个阶段,结合主系统研制试验、定型试验与使用试验,分别开展以下研制与使用试验:进行无人机保障性改进试验以发现保障性设计缺陷、进行保障系统研制试验以发现保障系统与无人机系统的不协调与不匹配之处、进行系统保障性评估试验以判定系统的保障性水平是否满足规定要求、进行保障系统评定试验以验证保障系统各要素的协调性以及与无人系统保障性的协调性等。通过收集现场数据,制订保障性评估计划和准则,验证保障方案、保障资源要求,确定和修正保障性问题。表 2-1 为保障试验与评价在无人机系统各寿命阶段的作用。

**表 2-1　各寿命阶段综合后勤保障试验与评价的作用**

|  | 论证阶段 | 方案阶段 | 工程研制阶段 | 设计定型阶段 | 生产定型阶段 | 生产/使用阶段 |
|---|---|---|---|---|---|---|
| 研制试验与评价 |  | 优选保障方案;<br>确定后勤风险,优选保障技术方法 | 找出保障性设计问题,提出解决方法;<br>找出保障要素问题,提出解决办法 | 找出保障系统各要素间的接口问题,提出解决方法 | 确保生产工艺满足设计要求 | 保证产品符合设计要求<br>保证设计更改 |
| 使用试验与评价 | 确定保障性目标要求,与保障有关的特性要求与保障资源要求 | 评估备选技术方案对使用的影响;<br>估算使用兼容性和适用性 | 评估使用适用性;<br>评估保障资源规划要求的实现情况 | 评估设计的使用适用性,评估保障性目标要求、与保障有关的设计要求,评估保障资源规划所实现的指标 | 评估生产产品的保障性水平 | 验证保障性目标的实现程度;<br>修改使用和保障费用估算;<br>评估设计更改的使用适用性和保障性;<br>提出保障性改进建议;<br>提供调整保障要素所要求的数据 |

在不同寿命阶段,保障性分析有不同的目标任务,具体包括:

a. 在论证阶段,要明确保障性约束,制定保障性分析工作纲要。

b. 在方案阶段,方案论证完成时,要明确费用和战备完好性的改进方向,制定备选保障方案,初定保障性目标;在方案确认时,选定保障方案,确定有关保障性的目标值和门限值。

c.在定型生产阶段,明确保障资源要求,形成纠正措施计划。

d.在使用阶段,评估保障性和战备完好性,制订保障改进计划、停产后保障措施等。

# |2.3  保障性分析流程|

本节针对一般无人机的保障特点,对保障性分析的通用过程进行说明。详细内容及具体规定参见《装备保障性分析》(GJB 1371—1992)。

**1.提出保障性分析要求**

对保障性分析的工作项目、管理、文件等提出明确要求。通常由订购方提出,与承制方细化商定后,纳入合同或有关文件并明确双方责任,作为后续分析的总纲领。

1)定量要求。它包括系统和设备的保障性及有关保障性设计要求的参数。

2)管理要求。它包括制定、审核、调整、验证、信息反馈与纠错等管理流程与程序。

3)文件要求。它包括执行保障性分析项目所得到的各种资料,是研制与生产过程中有关保障性资料的主要源文件。保障性文件的制定要明确体现如何与系统及设备的设计方案、保障方案以及使用方案的制定相一致的,如涉及设计更改、实验结果变化以及保障方案、使用方案的调整,要明确技术状态控制流程。规范化保障性分析记录的格式和数据元。

**2.制订保障性分析计划**

保障性分析计划是一份详细地描述如何按计划完成保障性分析内容的可操作性文件,由承制方依据系统要求的战术技术指标、研制任务书以及保障性分析要求等制定,按照研制阶段及节点保障任务能力,实现从技术与管理等方面全面贯彻落实系统综合后勤保障要求、保障大纲以及试验与评估等保障性分析内容,并能随研制与生产流程的变化,及时进行修正。保障性分析计划一方面要详细描述进行保障性分析管理的组织机构、管理程序、管理权限、管理流程,清晰界定信息输入、全系统性能设计、保障系统设计等流程与环节中数据与分析的接口关系;另一方面要明确所研制无人机系统保障性分析工作所涉及的每一个项目名称、目的、分析人员、分析步骤、进度要求、分析方法以及记录、输出、存贮、处理的

形式和要求。计划中还要列出阶段费用分析以及评审等的节点要求和具体
计划。

### 3. 保障性分析

保障性分析通常包括五个工作项目系列：保障性分析工作的规划与控制
100、装备与保障系统的分析 200、备选方案的制定与评价 300、确定保障资源要
求 400 和保障性评估 500。每个工作项目分为目的、要点、输入、输出四个部分。
在具体保障性分析中，目的是要指出执行该工作项目的一般理由，工作项目要点
是要详细地规定组成该项目的各子项目，工作项目输入要阐明执行该项目所需
资料、信息及要求，工作项目输出阐明执行该项目的预定结果。

各工作项目与子项目工作的要点简述如下：100——保障性分析工作的规划
与控制，目的是提供正式的保障性分析工作的规划与控制活动，主要制定保障性
分析工作纲要 101、保障性分析计划 102 以及有关保障性分析的评审 103，明确
各工作子项应开展的工作计划、工作内容以及工作流程等；200——装备与保障
系统的分析，目的是确定保障性初定目标和设计目标值、门限值及约束，包括使
用研究 201、软硬件及保障系统的标准化 202、比较分析 203、改进途径 204 以及
保障性有关的设计因素分析 205，明确各工作子项的保障特点、目标、保障技术、
修正方法目标、技术措施、指标值等；300——备选方案的制定与评价，目的是优
化保障系统并研制费用/进度/性能/保障性之间的最佳平衡系统，包括功能要求
301、保障系统的备选方案 302 以及备选方案的评价与权衡分析 303，明确各工
作子项工作方案、修正方法以及保障体系权衡分析等；400——确定保障资源要
求，目的是确定使用条件下的保障资源要求并制定停产后的保障计划，包括使用
与维修工作分析 401、早期现场分析 402、停产后保障分析 403 等，明确不同使用
阶段发生具体损伤时对人员及设备等保障资源的具体需求；500——保障性评估，
目的在于保证在预计的任务状态下满足系统的保障性要求、检查在既定的战备完
好性水平下系统是否保障有力以及在寿命期内是否能够保持战备完好性目标并
可对不足之处进行改进，包括保障性试验、评价与验证 501。在实际研制生产过程
中，可以在无人机系统总的试验与评价大纲中明确综合后勤保障的有关内容。

每个工作项目系列又分若干个工作项目，各项目之间存在各种联系，而且在
不同寿命阶段各项目的工作重点会有所不同。在保障性分析过程中，按照不同
的寿命周期过程，逐项对每个分项目分析迭代，直至形成达到目标要求的保障性
水平。图 2-16 为 GJB1371 要求的保障性分析过程的示意图，图中的标号为要
求的工作项目编号。

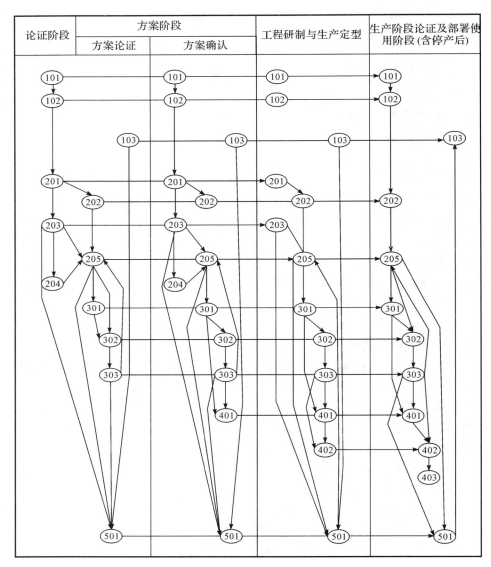

图 2-16　保障性分析过程示意图

## 4. 评审

审查对应项目的后勤保障是否按规定完成,存在哪些问题,具体补救措施以及后续建议等。它包括工作项目评审和综合评审。评审计划要在保障性分析计划中明确说明。工作项目评审是某一工作项目进展到一定阶段开展的成果及总结性工作,旨在及时总结以防止出现的错误延续到下一阶段。工作项目评审由主管综合后勤保障的总师或其指定的职能部门组织,相关技术负责人参加即可。综合评审通常是研制阶段转段时进行的综合性评审,是研制工作能否进入下一阶段的决策性审定。综合评审由使用部门和主管部门联合主持,总师系统的技术及行政负责人都应参加。

# |2.4 保障性分析分工与职责|

保障性分析是一项多学科、反复进行并与许多其他工程专业有接口的活动。保障性分析主要从需求论证到设计阶段开展,但应在系统研发与使用的各个阶段不断补充和调整,分析工作需要使用方、订购方、承制方以及型号研制过程中专门成立的综合后勤保障管理小组互相协调配合、分工协作来推动和完成。随系统和设备寿命周期各不同阶段的变化,在保障性分析的不同阶段,分析主体会有所变化,过程中需要在各相关方协调配合的基础上,须经过反复迭代及对接接口的输入输出关系,实现保障性分析计划的有效性、全面性和可操作性。

(1)使用方职责

使用方是提出综合后勤保障总要求的主体之一。使用方在研制工作说明中,明确后勤保障要求,确定分析所需的主要约束条件,如作战任务、作战方式、现役航空装备的维修体制、部队人员的基本配备等;选择可作为保障性分析输入的原始数据源;组织综合评审与验收。

(2)订购方职责

订购方是提出综合后勤保障的总要求的主体之一。主要负责提出综合后勤保障的总要求,提出保障性分析的相关要求,依据航空装备的作战任务及功能特点,选择适用的分析工作项目,提出保障性分析工作要求,确定分析策略及分析项目;与承制方协调,确定由承制方完成的装备保障性分析工作项目及要求;与使用方联合组织综合评审与验收。

(3)承制方职责

承制方是设计与实现综合后勤保障要求的主体。主要负责保障性分析大纲的编制,进行保障性分析,研发设计并实现无人机系统的综合后勤保障能力、完成综合后勤保障系统的研发。具体工作内容包括:依据订购方提出的装备保障性分析工作要求制订保障性分析计划,细化保障性分析工作项目,明确各分析项目的负责人(或单位)、分析方法、工作进度及检查方法,制定分析记录的内容及

格式,规定评审节点与评审重点;完成系统以及所承担研制内容的保障性分析,监督检查分包单位承担研制内容的保障性分析等。

（4）综合后勤保障管理小组

对型号任务研制全流程中进行综合后勤保障各项工作的归口管理,与其他设计研发环节进行协调,组织协调对各项保障计划及执行情况与效果的审查,组织工作项目的评审,审查通过后报总师系统下发执行。

## 参考文献

[1]《飞机设计手册》总编委会. 飞机设计手册第 21 册——产品综合保障[M]. 北京:航空工业出版社,2000.

[2]Reg Austin. 无人机系统——设计开发与应用[M]. 陈自力,董海瑞,江涛,译. 北京:国防工业出版社,2013.

第 3 章

# 无人机后勤保障维修技术

无人机系统在服役使用过程中，性能逐步下降是必然趋势。随着装备的复杂化、综合化，无人机系统的维修问题更为突出。为保持和恢复无人机系统的战备完好性以及可使用状态，进行维护保养、修理、改进和翻修等工程活动，即为维修。按照故障发生的时间以及维修的特点，维修活动分为不同的维修方式以及维修级别，合理的维修是使无人机系统形成战斗力与竞争力的有力保证。

# |3.1 维修性概述|

## 3.1.1 概述

  维修性主要反映产品功能的恢复能力。20 世纪 70 年代至今，维修观念和技术迅速发展，维修由被动排除故障变为主动预防，并发展成为一门科学。维修性是指产品在规定的条件下和规定的维修时间内，按规定的程序和方法进行维修时，保持或恢复其规定状态的能力，规定的条件包括维修级别、人员技术水平与资源等。也可以认为是通过维修所能保持和恢复其在使用中的可靠性的程度。维修性最初包含测试性，随着产品日益复杂和技术的发展，测试性的重要性越显突出，所以出现了将测试性作为独立特性的趋势。维修性是产品的重要性能，对系统效能和使用维修费用有直接的影响。通常，各种设备、系统都有维修性要求。除硬件外，软件也有维修性问题（在软件行业通常称为可维修性）。

  维修性水平的概率度量称为维修度。维修性也可用维修的延续时间、工时、费用等参数来度量，最常用的是平均修复时间。维修性还可表达为一系列的定性要求，通常实施相应的设计准则来实现，例如良好的可达性；提高标准化和互换性程度；完善的防差错设计和识别标志；测试准确、快速、简便；贵重件可（易）修复性；符合维修的人机工程要求；各种自修复、自补给、自愈合设计；减少维修对环境的影响等。美军规定,新无人机装备应满足以下维修性要求:一是装备具有良好的维修可达性,要求合理布置装备各组成部分及其检测点、维修点,保证有足够的维修操作空间,合理开设维修通道、窗口;二是利用权衡分析和迭代设计使系统功能划分和模块组合最优化,提高组件的标准化、通用化、模块化和互换性;三是完善防差错措施及识别标记,提高维修工作中的安全性和工作效率。

类似于可靠性,维修性也是产品的重要设计特性,也可分为固有维修性(或设计维修性)和使用维修性。固有维修性是在理想的保障条件下表现出来的维修性,它完全取决于设计与制造。在系统研制的早期就应规定维修性要求,并把这些要求写入有关技术规范和合同文件。

使用维修性不仅包括产品设计、生产的影响,而且包括安装和使用环境、维修策略、保障延误等因素的综合影响。使用维修性参数通常不能作为合同要求,但在使用阶段考核维修性时,最终还要看使用维修性。

和可靠性一样,维修性使用指标也分目标值、门限值,合同指标分为规定值、最低可接受值。

## 3.1.2 后勤维修类型

维修主要分为预防性维修(Preventive Maintenance,PM)、修复性维修(Corrective Maintenance,CM)、战场抢修/应急性维修以及改进性维修四种。

**1. 预防性维修**

预防性维修又称定时维修,是按预定的时间间隔对产品进行系统性检查、设备测试和更换以防止功能故障发生,使其保持在规定状态所进行的全部活动。根据维修的范围、间隔期和维修级别,预防性维修一般分为大修、中修、小修等 3 种类型。预防性维修是降低全寿命产品失效概率或防止功能退化的有效手段,通常包括如下几项工作内容:

1)保养。为保持项目固有的设计性能而进行的表面清洗、擦拭、通风、添加油液或润滑剂、充电、充气、紧固和调整等作业,但不包括功能检测和使用检查等工作。

2)操作人员监控。操作人员在正常使用装备时对其状态进行的监控,其目的在于发现项目的潜在故障,包括对装备所做的使用前检查;对装备仪表的监控;通过感觉辨认异常现象或潜在故障,如通过对气味、声音、振动、温度、外观、操作力等变化的辨识及时发现异常现象或潜在故障。

3)使用检查。按计划进行的,以检查隐蔽功能故障为目的的维修工作,用于

确定项目能否执行规定功能。

4）功能检测。按计划进行的，以检查潜在故障为目的的维修工作，用于确定项目功能状态是否在规定限度内。

5）定时拆修。产品使用到规定的时间予以拆修，使其恢复到规定的状态。

6）定时报废。产品使用到规定的时间予以废弃，更换新品或符合规定要求的产品。

7）综合工作。实施两种或多种类型的预防性维修工作。

此外，预测性维修（Predictive Maintenance，PdM）是以状态为依据（Condition Based）的维修，在设备运行时，对它的主要（或需要）部位进行定期（或连续）的状态监测和故障诊断，判定装备所处的状态，预测装备状态未来的发展趋势，依据装备的状态发展趋势和可能的故障模式，预先制定预测性维修计划，确定设备应该修理的时间、内容、方式和必需的技术和物资支持。预测性维修集装备状态监测、故障诊断、故障（状态）预测、维修决策支持和维修活动于一体，是一种新兴的维修方式。

**2. 修复性维修**

修复性维修也称修理（Repair）或事后维修（Break - down Maintenance），是指设备发生故障或者性能下降至合格水平以下时，或对事先无法预计的突发故障采取的使其恢复到能执行规定功能状态所实施的维修活动。事后维修方式适用于具有设备损坏后直接损失、间接损失都不大，维修期间影响小等特点的设备。它一般包括准备、故障定位与隔离、分解、更换、结合、调准和检测等活动内容。它是以设备是否完好或是否能用为依据的维修，是"有故障才维修"的方式，属于非计划性维修。

**3. 战场抢修/应急性维修**

战场抢修指在战场环境中，采用应急手段和方法，使已损坏或不能使用的装备暂时恢复到能执行任务的一种突击性维修活动。战场抢修/应急性维修是一种在特殊环境、特殊时间实施的暂时应对性维修，包括无人机执行任务中和停放时受打击所造成的损伤、以及装备本身故障或人为差错造成的损伤等情况，旨在保证基本安全为目的。

**4. 改进性维修**

改进性维修是指在特别情况下，为提高装备的技术性能，或为弥补设计缺陷，或为适合特殊用途，经有关责任单位批准后对装备进行的改装和改进类维修活动。改进性维修实质是改变装备的设计状态,是常规维修的一种延伸。

通常,主要的维修工作为预防性维修和修复性维修。

## 3.1.3　维修性参数

维修性参数是对维修性特性的描述。常用的维修性参数有维修度、修复率、平均修复时间、恢复功能用的任务时间、预防性维修时间、平均维修时间等。

**1. 维修度 $M(t)$**

维修度 $M(t)$ 是指用概率表示的维修性,定义为产品在规定的条件下和规定的时间内,按照规定的程序和方法进行维修时,完成维修的时间 $T$ 小于或等于规定维修时间 $t$ 的概率,可表示为

$$M(t) = P\{T \leqslant t\} \tag{3-1}$$

式中　$T$ ——实际维修时间;

　　　$t$ ——规定的维修时间。

显然 $M(t)$ 是一个概率分布函数,可以根据理论分析求得。对不可修复系统,$M(t)$ 为零;对可修复系统,$M(t)$ 是规定维修时间 $t$ 的递增函数:

$$\lim_{t \to 0} M(t) = 0$$
$$\lim_{t \to \infty} M(t) = 1$$

在工程实践中,试验或统计现场数据 $N$ 为有限值,$M(t)$ 可用估计量来近似表示为

$$\hat{M}(t) = \frac{n(t)}{N} \tag{3-2}$$

式中　　$N$ ——维修的产品总(次)数;

　　$n(t)$ ——$t$ 时间内完成维修的产品(次)数。

**2. 修复率 $\mu(t)$**

修复率 $\mu(t)$ 是在 $t$ 时刻未能修复的产品,在 $t$ 时刻后单位时间内修复的概率,可表示为

$$\mu(t) = \lim_{\substack{\Delta t \to 0 \\ N \to \infty}} \frac{n(t + \Delta t) - n(t)}{[N - n(t)]\Delta t} = \lim_{\substack{\Delta t \to 0 \\ N \to \infty}} \frac{\Delta n(t)}{N_s \Delta t} \tag{3-3}$$

其估计量:

$$\hat{\mu}(t) = \frac{\Delta n(t)}{N_s \Delta t} \tag{3-4}$$

式中    $N_s$——$t$ 时刻尚未修复数（正在维修数）。

在工程实践中常用平均修复率或取常数修复率 $\mu$，即单位时间内完成维修的次数，可用规定条件下和规定时间内，完成维修的总次数与维修总时间之比表示。

### 3. 平均修复时间 $\overline{M}_{ct}$

平均修复时间 $\overline{M}_{ct}$（Mean Time To Repair，MTTR）即排除故障所需实际修复时间的平均值。其度量方法为在一给定期间内，修复时间的总和与修复次数 $N$ 之比

$$\overline{M}_{ct} = \frac{\sum_{i=1}^{N} t_i}{N} \qquad (3-5)$$

当装备由 $n$ 个可修复项目（分系统、组件或元器件等）组成时，平均修复时间为

$$\overline{M}_{ct} = \frac{\sum_{i=1}^{N} \lambda_i \overline{M}_{ct_i}}{\sum_{i=1}^{N} \lambda_i} \qquad (3-6)$$

式中    $\lambda_i$——第 $i$ 个可修复项目的故障率；

$\overline{M}_{cti}$——第 $i$ 个可修复项目故障的平均修复时间；

$N$——可更换单元的数量。

应当注意的是：

1）$M_{ct}$ 所考虑的只是实际修理时间，包括准备时间、故障检测诊断时间、拆卸时间、修复（更换）失效部分的时间、重装时间、调校时间、检验时间、清理和启动时间等，而不计及供应和行政管理延误时间。

2）不同的维修级别（或不同的维修条件），同一装备也会有不同的平均修复时间。在提出此指标时，应指明其维修级别（或维修条件）。

3）平均修复时间是使用最广泛的基本的维修性量度，其中的修复包括对装备寿命剖面各种故障的修复，而不限于某些部分或任务阶段。

### 4. 恢复功能用的任务时间

恢复功能用的任务时间（Mission Time To Restore Function，MTTRF）排除致命性故障所需实际时间的平均值。其量度方法为在规定的任务剖面中，产品致命性故障总的修复时间与致命性故障总次数之比。它反映装备对任务成功

性的要求,是任务维修性的一种量度。

MTTRF 的计算公式与 MTTR 相似,只是它仅计及任务过程中的致命性故障及其排除时间。

### 5. 最大修复时间 $M_{\max ct}$

在许多场合,尤其是使用部门更关心绝大多数装备能在多长时间内完成维修,这时,则可用最大修复时间参数。最大修复时间是装备达到规定维修度所需的修复时间,也即预期完成全部修复工作的某个规定百分数(通常为 95% 或 90%)所需的时间,亦可记为 $M_{\max ct}(0.95)$,括号中数字即规定的百分数。当取规定百分数 50% 时,即为修复时间中值。

与 MTTR 相同,最大修复时间不计及供应和行政管理延误时间。在提出此指标时,应指明其维修级别。

### 6. 预防性维修时间 $M_{pt}$

预防性维修同样有均值、中值和最大值,含义及计算方法与修复时间相似,只是用预防性维修频率代替故障率,用预防性维修时间代替修复时间。

平均预防性维修时间是装备每次预防性维修所需时间的平均值。平均预防性维修时间可用下式表示:

$$\overline{M_{pt}} = \frac{\sum_{j=1}^{m} f_{pj} \overline{M}_{ptj}}{\sum_{j=1}^{m} f_{pj}} \tag{3-7}$$

式中　　$f_{pj}$——第 $j$ 项预防性维修作业(如日维护、周维护、年预防性维修等)的
频率,通常以装备每工作小时分担的第 $j$ 项维修作业次数来计;

$\overline{M}_{ptj}$——第 $j$ 项预防性维修作业所需的平均时间;

$m$——预防性维修作业的项目数。

预防维修时间包括周期性的检测、开机运行及校准等保持系统性能水平和功能的所有操作,但不包括装备在工作的同时进行的维修作业时间,也不包含供应和行政管理延误的时间。

### 7. 平均维修时间 $\overline{M}$

平均维修时间 $\overline{M}$ 是产品(装备)预防维修或故障维修等所有维修活动的平均时间。其度量方法为:在规定的条件下和规定的期间内产品修复性维修和预防性维修总时间与该产品维修总次数之比。

平均维修时间 $\overline{M}$ 可用下式表达：

$$\overline{M} = \frac{\lambda\,\overline{M}_{ct} + f_p\,\overline{M}_{pt}}{\lambda + f_p} \tag{3-8}$$

式中　　$\lambda$——装备的故障率，$\lambda = \sum_{i=1}^{N} \lambda_i$；

　　　　$f_p$——装备预防性维修的频率（$f_p$ 和 $\lambda$ 应取相同的单位），$f_p = \sum_{j=1}^{m} f_{pj}$。

### 8. 维修停机时间率 $M_{DT}$ 和 MTUT

维修停机时间率是产品每工作小时维修停机时间的平均值。此处的维修包括修复性维修和预防性维修。

$$M_{DT} = \sum_{i=1}^{N} \lambda_i M_{cti} + \sum_{j=1}^{m} f_{pj} M_{ptj} \tag{3-9}$$

式中的第一项是修复性维修停机时间率，可作为一个单独的参数，叫"每工作小时平均修理时间"（Mean CM time to Support a Unit Hour of Operating Time），用 MTUT 表示，是保证装备单位工作时间所需的修复时间平均值。其量度方法为在规定条件下和规定期间内，装备修复性维修时间之和与总工作时间之比。

MTUT 反映了装备单位工作时间的维修负担，即对维修人力和保障费用的需求。它实质上是可用性参数。

### 9. 重构时间 $M_{rt}$

重构时间 $M_{rt}$（Reconfiguration Time）指系统故障或损伤后，重新构成能完成其功能的系统所需时间。对于有余度的系统，是其发生故障时，使系统转入新的工作结构（用冗余部件替换损坏部件）所需的时间。

### 10. 维修性指数（维修工时率）$M_I$

维修性指数是反映维修工时的参数，表示在规定条件下和规定时间内，装备直接维修工时总数与与其寿命总数之比，又称维修工时率。

$$M_I = \frac{M_{MH}}{T_{OH}} \tag{3-10}$$

式中　　$M_{MH}$——装备在规定的使用期间内的维修工时数；

　　　　$T_{OH}$——装备在规定的使用期间内的工作小时数或单位寿命数。

减少维修工时，节省维修人力费用，是维修性要求的目标之一。因此，维修性指数也是衡量维修性的重要指标。对于各种飞机，$T_{OH}$ 用飞行小时数。国外先进歼击机,维修性指数已由 20 世纪 60 年代的 35～50 个维修工时减少到目前的每小时只需 10 个维修工时,这表明维修人力、物力消耗已大为减少。需要注意的是,$M_1$ 不仅与维修性有关,而且与可靠性也有关。提高可靠性,减少维修也可使 $M_1$ 减少。因此,$M_1$ 是维修性、可靠性的综合指标。

此外,还有平均故障时间(MTBF):系统或设备失灵或发生故障的平均时间;后勤延误时间(LDT):修理设备、备件或维修测试设备等的收货等待时间;月维护工时费(MLH/month):每个月维护人员的总费用。

# 3.2 无人机系统维修特点

## 3.2.1 后勤维修级别

修理级别是指装备进行维修的维修级别,也是使用部门进行维修工作的各级组织机构。通常多采用三级维修级别,即基层级(O)、中继级(I)及基地级(D)。不同军兵种修理级别有所不同,但划分的基本原则是相似的。通常需要考虑维修的任务、部队的编制体制及维修原则等因素。随着技术的发展,装备的维修体制也发生着变化。如第三代军用飞机采用三级维修,而四代机采用二级(无中继级)维修。维修级别间的关系如图 3-1 和图 3-2 所示。

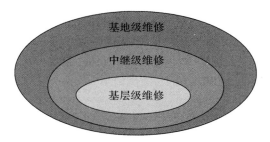

图 3-1 维修级别关系图

(1)基层级(O)

基层级(O)是无人机装备所属部队的日常维修机构,由装备的使用操作人员和所属分队的保障人员组成。该级维修的目的是保证无人机系统始终保持任务能力,通常只限定在较短时间能完成的简单维修工作,维修活动重在可操作性方面,保障设备和人员的配备有限。它主要包括以下内容:

先进歼击机,维修性指数已由 20 世纪 60 年代的 35～50 个维修工时减少到目前的每小时只需 10 个维修工时,这表明维修人力、物力消耗已大为减少。需要注意的是,$M_1$ 不仅与维修性有关,而且与可靠性也有关。提高可靠性,减少维修也可使 $M_1$ 减少。因此,$M_1$ 是维修性、可靠性的综合指标。

- 系统试车运行；
- BIT 检测与失效隔离；
- 故障现场可更换单元(LRU)的更换；
- 有限的布线或结构修理；
- 可用性检查；
- 周期性的维护保养活动,如检查、换件、防腐等；
- 异常后检查；
- 功能测试；
- LRU 装载软件；
- 简单的调整或校准；
- 运输包装；
- 交由中继级处置缺陷 LRU。

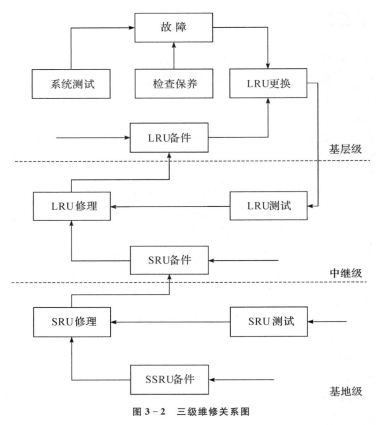

图 3-2　三级维修关系图

该级的主要难题是机身等复合材料缺陷(如粉碎、裂纹、缺口或凹陷等)的检查,通常该级的修补能力并不高。

(2)中继级(I)

中继级(I)比基层级(O)有较高的维修能力,承担基层级(O)所不能完成的维修工作。该级维修的目的是保持战备完好性和任务成功性,维修活动重在部组件功能的维修和测试,人员及保障设备的水平和数量相对较多。它主要包括以下内容:

- 故障检测与隔离:选定检测设备,检测定位 LRU 的可车间更换单元(SRU);
- LRU 子部件车间可更换子单元(SSRU)的拆卸/替换,换件后的 LRU 测试;
- 设备校准;
- 缺陷部件加工;
- 对保障设备提供技术支持;
- 飞行性能应急维修;
- 飞机与设备的老化检测;
- LRU 软件装载;
- 中级水平 LRU 的周期性维护;
- 不工作系统的有限布线与结构维修。

中继级维修活动要求具备相应的专业技术和检查、测试、翻新或维修等的设备资源,其每项功能都需要多方面人员的协作来完成,因此,该级的人员包括工程、技术以及管理各个层级,其组织管理框架如图 3 - 3 所示。

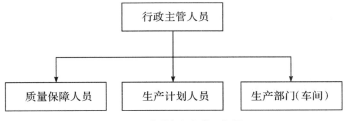

图 3 - 3　中继级组织管理框图

(3)基地级(D)

基地级(D)具有更高修理能力的维修机构,承担装备大修和大部件的修理、备件制造和中继级(I)所不能完成的维修工作,如制造结构部件、重建、大修、平台/系统/子系统的大量更改等。维修按照流水作业进行,由专门的修理机构、企

业化修理工厂或承制方人员完成。维修活动主要包括以下内容：

- 无人飞行器与地面系统的例行维修；
- 发动机、机身以及部组件的返工与修理；
- LRU 中的缺陷产品 SRU 修理；
- 结构控制、修理与修改；
- 该级别校准（高于前两级）；
- 配置控制、授权和分类；
- 需求时更新维修计划及文件；
- 技术管理；
- 周期性检查与维护；
- 参加设计更改过程确保维修性水平。

基地级组织管理框图如图 3 - 4 所示。

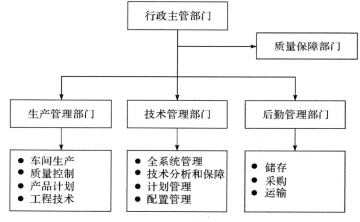

**图 3 - 4　基地级组织管理框图**

## 3.2.2　维修级别分析流程

在进行维修活动前，首先判定须采取维修活动的级别。修理级别分析（Level Of Repair Analysis，LORA）是运用系统分析的方法，以经济性或非经济性因素为评判依据，确定装备中待维修产品所应采取最佳级别维修活动的过程，是装备维修规划的重要工具之一。维修级别分析过程是装备寿命期内反复进行的综合性评估过程。虽然保养等预防性维修工作比较简单，可以直接确定其修理级别，但对于需要拆卸、分解等复杂的维修工作，必须通过 LORA 才能做出修理或报废的最佳决策。通常,预防性维修与修复性维修都有 LORA 的要求,LORA 分析流程如图 3-5 所示。

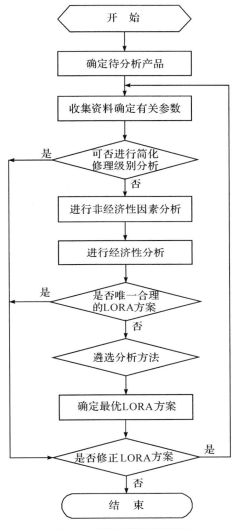

图 3-5  维修级别分析流程图

### 1. 确定待分析产品

无人机全系统可以划分为系统、分系统、子系统、单元、部件、组件和零件共七个不同功能层次的零部件。如果对所有的零部件都进行 LORA,既不经济,也没必要,如对于结构复杂的系统、分系统和子系统,通常可以进一步拆分,故当

其发生故障后,不直接进行 LORA;而对于零件,通常换件即可,无须进行修理。因此,进行 LORA 时所指的产品层次主要为单元、部件和组件。由此看来,LO-RA 中所指的待分析产品是一个广义的概念,不仅仅包含产品的名称,还必须要对装备进行功能层次的划分,并结合 FMEA/FMECA 分析所确定的故障模式、影响及原因等确定待分析产品。此外,不能把子产品分配到比它所在产品的修理级别还低的修理机构去维修;一个产品弃件,其子产品也必须随之弃件。

### 2. 判断能否简化 LORA

通常,非经济性因素分析是 LORA 的基本方法,但在实际应用中却比较麻烦。为了简化起见,若能对待分析产品进行明显的判断,则可以采用简化的 LORA 方法寻求合理方案。

### 3. 非经济性因素分析

该方法源于目前在国军标中广泛使用的相关理论。在进行 LORA 的过程中,有些非经济性因素将影响或限制待分析产品进行维修的修理级别。通过对这些因素的分析,可以确定装备中待分析产品在哪一级别修理或报废。因此,非经济性因素分析是目前进行 LORA 时常用的基本方法,也是 LORA 的特有方法。

非经济性修理级别分析是从超过费用影响方面的限制因素和现有类似装备的修理级别分析决策出发,确定修理或报废的维修级别。非经济型限制因素一般指将修理或报废的决策限制在特定的修理级别的因素或限定了可用的备选保障方案的那些因素,包括安全性因素、保密因素、法规或现有维修方案、产品修理限制因素、对战备完好性或任务成功性影响因素、装卸和运输的限制因素、保障设备要求方面的因素、包装与储存要求、人力人员要求以及设施要求等因素。

### 4. 经济性分析

任何一项维修工作都涉及费用问题,因此经济性也可以作为维修的决策因素。待分析产品经济性分析的目的,在于通过定量计算其所有可行的修理级别修理时所需的费用,并比较选择出费用最低的最佳修理级别。

在进行经济性分析时,要针对不同的修理级别,分析各种可能相关的费用,建立各级修理费用的分解结构,并制定评价准则。通常,影响修理级别决策的直接费用包括备件费用、人员费用、材料费用、保障设备费用、包装、装卸、储存和运输费用、训练费用、设施费用、资料费用等。针对不同的维修级别,费用的组成可能会有所不同,需要根据实际情况适时增减、调整费用因素,进行具体费用测算。

**5. 选择分析方法**

LORA 的方法有很多种,依据产品故障及维修的实际情况选择适用的方法,同时也可以运用相关方法进行分析评价,使决策更为合理。

## 3.2.3　修理级别分析的方法

**1. 决策树法**

在没有更多的背景知识时,为了简化起见,有时在进行 LORA 时可采用图 3-6 所示的决策树进行分析,初步确定待分析产品的 LORA 决策。

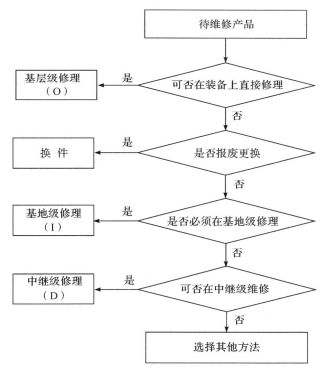

图 3-6　简化的 LORA 决策树法

在图中,有四个主要决策点:

1)直接在装备上进行修理。是指所需时间短,技术水平要求不高的产品,多属于保养维护和较小的故障排除工作。

2)报废更换。直接在故障发生地点对故障件进行报废并更换新件。它取决于报废更新与修理的费用权衡,一般是在基层级进行。

3)基地级修理。它是指故障件复杂程度较高,需要较高的修理技术水平或较复杂的机具设备,因此必须在基地级修理。

4)中继级修理。它是指修理所需人员和保障设备或者是通用的,或者专用但并不十分复杂,可明显地在中继级进行修理的故障件。

应该指出,同类产品,由于故障部位和性质不同,可能有不同的修理级别决策。如果在四个决策点上,很难进行清楚地判断,则不能应用该种方法。

## 2. 逻辑决断分析法

以故障能否有效隔离及所需费用是否经济性最优为决断的主要依据,如图3-7所示,逻辑决断分析过程是综合经济性与非经济性因素进行不同级别修理或换件的逻辑分析与决策,同时可以对产品设计的改进以及不同级别保障设备的设计与配置提出明确的优化方向。

## 3. 相似产品法

相似产品法是依据待分析产品与基准比较系统(已有确定的 LORA 决策方案的产品)之间存在的相似性(包括使用环境、维修环境及条件等因素),通过对比分析,进而得出待分析产品的 LORA 决策方案。该方法的应用必须以存在基准比较系统以及待分析产品与基准比较系统在结构、功能和故障原因等方面具有相似性和可比性为前提。

相似产品法在实际应用时比较简单,其分析的准确性取决于产品的相似程度,以及基准比较产品修理级别数据的准确度。对于简单产品,基准比较系统可以是单一产品,而复杂产品的基准比较系统往往是取自多个装备中的相似产品的组合体。这种方法对于具有继承性产品或相似的产品是比较适用的,但对于全新的产品或功能、结构改变比较大的产品,可能由于找不到合适的基准比较系统或成熟的相关资料,而无法实施。

## 4. 层次分析法

层次分析法(Analytic Hierarchy Process,AHP)是指将一个复杂的多目标决策问题作为一个系统,将目标分解为多个目标或准则,进而分解为多指标(或准则、约束)的若干层次。通常待维修的被分析产品可分为三层:外场可更换件(LRU)、内场可更换件(SRU)、内场可更换子部件(SSRU)和按照每一层产品的层次有对应的修理级别(见图 3-8)。

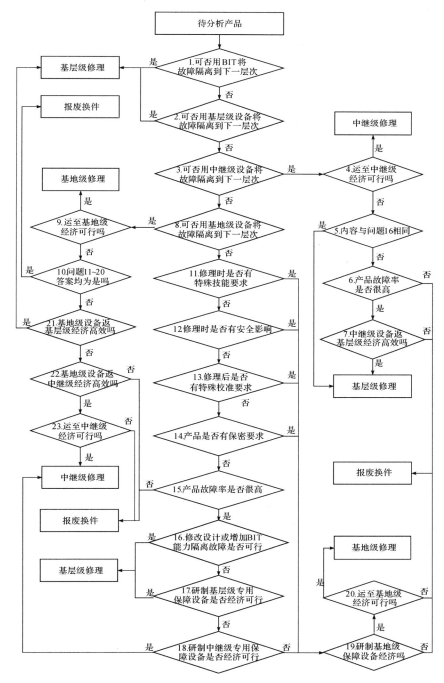

图 3-7　逻辑决断图

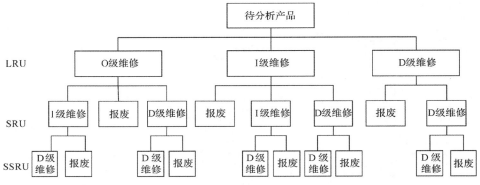

图 3-8　产品维修层次及修理级别

经过分层后,通过定性指标量化方法算出层次单排序(权数)和总排序,以作为目标(多指标)、多方案优化决策的系统方法。AHP 是目前比较通用的一种解决多目标复杂问题的定性与定量相结合的决策分析方法。

**5. 德尔菲法**

德尔菲法(Delphi)又称专家判断法、专家估计法或专家打分法,依据系统的程序,采用匿名发表意见的方式,通过多轮次调查专家的看法,经过反复征询、归纳、修改,最后汇总成专家基本一致的看法,作为预测的结果。

德尔菲法通常按照筹划工作、专家预测、统计反馈和描述结果四个步骤进行,虽然简单易行,具有广泛的代表性,避免权威影响等好处,但也有其局限性,如经过几轮的操作,比较耗时;依然属于专家的主观判断等。

**6. 专家评估法**

通过如上所述,若单独使用层次分析法则比较烦琐,而单独使用德尔菲法既相对耗时又不能完全客观,专家评估法综合运用层次分析法与德尔菲法,又比层次分析法简单、比德尔菲法客观,故可以采用专家评估法进行分析产品的 LO-RA 决策分析。

下面以定性指标模糊量化的层次分析方法结合专家估计法给出模糊综合评判的一种专家评估方法流程。

(1)建立因素集和因素等级集

影响待分析产品维修的因素集合可表示为

$$U = \{u_1, u_2, \cdots, u_n\} \tag{3-11}$$

式中　$u_i$——代表第 $i$ 个影响因素。

各因素按其性质和程度可细分为若干等级,形成因素等级集

$$u_i = \{u_{i1}, u_{i2}, \cdots, u_{im}\} \qquad (3-12)$$

式中　$u_{ij}$——代表第 $i$ 个因素的第 $j$ 个等级。

凡是对待分析产品维修有影响的因素都可取作因素集中的元素,这些元素一般都是模糊的。

(2)建立因素权重矩阵、因素等级权重矩阵

针对不同的服役环境与产品故障特点,为反映各因素的不同重要程度,对各因素 $u_i$ 均赋予一相应的权重 $w_i (i = 1, 2, \cdots, n)$,称各因素权重所组成的矩阵为

$$\boldsymbol{W} = [w_1, w_2, \cdots, w_n] \qquad (3-13)$$

由于各因素重要的程度是一个模糊概念,因此须用模糊数学理论将其处理,成为模糊因素权重集。具体方法如下:

1)建立模糊因素评判矩阵。对 $n$ 个模糊影响因素,利用专家模糊评判法,建立一个由两个因素 $a_i$ 和 $a_j$ 对比的标度值 $a_{ij}$ 构成的模糊评判矩阵:

$$\widetilde{\boldsymbol{A}} = \begin{bmatrix} a_{11} & a_{12} & \cdots & a_{1n} \\ a_{21} & a_{22} & \cdots & a_{2n} \\ \vdots & \vdots & \cdots & \vdots \\ a_{n1} & a_{n2} & \cdots & a_{nn} \end{bmatrix} \qquad (3-14)$$

式中　$a_{ij}$——表示因素 $a_i$ 与因素 $a_j$ 相对于维修效果的标度。

模糊评判标度的确定方法见表 3-1。

表 3-1　模糊评判标度

| $a_i$ 和 $a_j$ 的比较情况 | 标度值 $a_{ij}$ |
| --- | --- |
| 两个因素同等重要 | 1 |
| 两个因素稍偏重于一个因素 | 3 |
| 两个因素更偏重于一个因素 | 5 |
| 两个因素中,一个因素有主导作用 | 7 |
| 两个因素中,一个因素有强主导作用 | 9 |
| 折中情况 | 2,4,6,8 |
| 两个因素的反向比较 | $a_{ji} = 1/a_{ij}$ |

2)求各模糊因素的权重系数矩阵。将 $\widetilde{\boldsymbol{A}}$ 的每一列归一化

$$\bar{a}_{ij} = a_{ij} / \left( \sum_{k=1}^{n} a_{kj} \right) \quad (i = 1, 2, \cdots, n; j = 1, 2, \cdots, n) \qquad (3-15)$$

每一列正规化后的判断矩阵按行相加

$$\overline{W}_i = \sum_{j=1}^{n} \overline{a}_{ij} \quad (i=1,2,\cdots,n) \tag{3-16}$$

对矩阵 $\overline{\boldsymbol{W}} = \begin{bmatrix} \overline{W}_1 & \overline{W}_2 & \cdots \overline{W}_n \end{bmatrix}^{\mathrm{T}}$ 作归一化处理

$$W_i = \overline{W}_i / (\sum_{j=1}^{n} \overline{W}_j) \quad (i=1,2,\cdots,n) \tag{3-17}$$

则模糊因素的权重系数矩阵为

$$\boldsymbol{W} = \begin{bmatrix} W_1 & W_2 & \cdots W_n \end{bmatrix}^{\mathrm{T}}$$

如果令 $\mu_{ij}\{i=1,2,\cdots,n;j=1,2,\cdots,m\}$ 为第 $i$ 个因素的第 $j$ 个等级对该因素的隶属度,则将 $\mu_{ij}$ 归一化后的值

$$w_{ij} = \mu_{ij} / \sum_{j=1}^{m} \mu_{ij} \tag{3-18}$$

取作该等级权重,于是第 $i$ 个因素的等级权重矩阵为

$$\boldsymbol{w}_i = \begin{bmatrix} w_{i1} & w_{i2} & \cdots & w_{im} \end{bmatrix} \tag{3-19}$$

(3)评判维修等级水平

按照层次分析法确定出待分析产品各维修层次及影响各层次维修水平的影响因素,利用专家评估法给出各因素的权重水平值,并按层级对应关系赋予各自对应的因素,即

$$L = UW \tag{3-20}$$

式中 $L$——待分析产品维修等级水平值。

这样,通过一层一层分解,可对每一层每一种维修状态确定出维修等级所对应的水平值,就可以剖分出影响待分析产品所有维修等级的水平,进而为维修决策提供参考。

# 3.3 维修性模型

## 3.3.1 维修性关联模型

维修性关联模型指各项维修活动的顺序或层次、部位等的框图模型,通常有维修职能流程图和系统功能层次图两种形式。

维修职能流程图是表示维修要点,并找出各项职能之间关系的一种流程图,包括维修级别、各级别间的维修活动关系以及各级别内的维修过程三方面内容。按照基层级、中继级以及基地级的三级维修模式,各级职能流程图如图 3-9

所示。

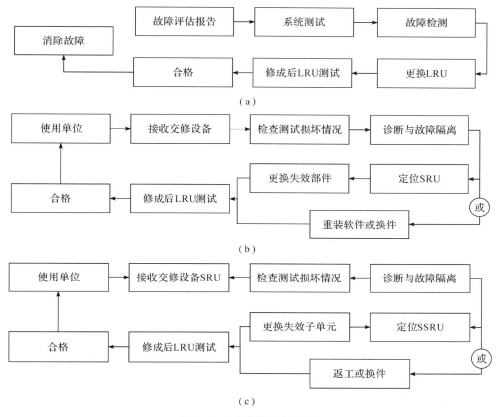

**图 3－9　三级维修职能流程图**
(a)基层级维修职能流程图；(b)中继级维修职能流程图；(c)基地级维修职能流程图

系统功能层次图侧重在划分系统到各底层次间功能层次关系的同时，明确各自所需的维修活动和措施。系统功能层次图通常由系统级开始，按照有关维修的要素，沿着功能系统—分系统—装置—机组—单元体—组件—部件—零件的顺序自上而下逐级分解细化，能实现故障定位或维修活动即可。以某通信系统中的发送站为例，其功能层次框图如图 3－10 所示。其图形表达方法类比故障树：可拆分的项目用矩形框表示(似故障树的中间事件)，最小可更换单元用圆圈表示(似故障树的底事件)，其他符号表示意义如图 3－10 所示。

此外，需要注意的是，由于不同维修级别的维修特点和活动不同，因此，对于同一系统在各级别的系统功能层次图也可能不同。

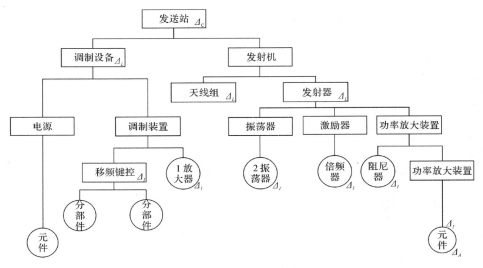

**图 3 - 10　功能层次框图[5]**

1—放大器:音频放大器;2—振荡器:稳定主控振荡器;$\Delta_C$—检测点;$\Delta_I$—故障分离点;$\Delta_A$—校正点;
□—需分解项目;○—可更换件

# 3.3.2　系统维修时间模型

## 1.平均维修时间模型

系统平均维修时间模型通常是指系统平均维修时间与系统各组成单元维修性参数或其他系统参数之间的数学关系。最常用的是加权平均值公式,即

$$\overline{M}_{ct} = \frac{\sum\limits_{i=1}^{n} \lambda_i \overline{M}_{cti}}{\sum\limits_{i=1}^{n} \lambda_i} \tag{3-21}$$

$$\overline{M}_{cti} = \frac{\sum\limits_{j=1}^{k} \lambda_{ij} \overline{M}_{ct_{ij}}}{\sum\limits_{j=1}^{k} \lambda_{ij}}$$

$$\overline{M}_{ctij} = \sum\limits_{m=1}^{M} \overline{T}_{mij}$$

式中　$\overline{M}_{cti}$ ——第 $i$ 个可更换单元的平均修复时间;

$k$ —— 不同故障模式的数量；

$\lambda_{ij}$ —— 第 $i$ 个可更换单元中，第 $j$ 个故障模式的故障率（注意它可能是零）；

$\overline{M}_{ctij}$ —— 第 $i$ 个可更换单元中第 $j$ 个故障模式的平均修复时间；

$M_{ij}$ —— 当在第 $i$ 个可更换件中发生第 $j$ 个故障模式时完成修复性维修活动的项目，它包括所有的维修活动，如准备、隔离、更换等；

$\overline{T}_{mij}$ —— 对由第 $i$ 个可更换单元第 $j$ 个故障隔离结果进行第 $m$ 项维修活动的修复性维修的平均时间。

式（3 - 21）称为平均值计算模型，表示了一种系统各可修理单元的平均故障修复时间之间的关系。该模型不仅用于系统级的维修时间计算，还可以用于维修性分配的核算。

上述模型是采用时间综合方法建立的，即把与维修活动各部分有关的平均时间加在一起获得维修活动的总维修时间。文献［6］给出了维修时间要素的具体分类见表 3 - 2。

表 3 - 2　$\overline{M}_{ct}$ 的时间要素表

| 基本分类<br>时间要素 | 隔离到单个 RU[1] | 隔离到一组 RU<br>（成组更换） | 隔离到一组 RU<br>（重复更换） | 多个故障隔离<br>（需要再次隔离） | |
|---|---|---|---|---|---|
| 准备 | 准备 | 准备 | 准备 | 准备 | 二次准备 |
| 隔离 | 隔离 | 隔离 | 隔离 | 隔离 | 二次隔离 |
| 故障<br>修复 | 分解 | 分解 | 分解 | 分解 | 二次故<br>障修复 |
| | 更换 | 更换 | 更换 | 更换 | |
| | 再组装 | 再组装 | 再组装 | 再组装 | |
| | 调整 | 调整 | 调整 | 调整 | |
| | 检验 | 检验 | 检验 | 检验 | |

注：①RU 为可更换单元，指在所预计的维修等级中，为进行修理所拆换的物理单元，如外场可更换单元（LRU）或武器可更换单元（WRU），内场可更换单元（SRU）等。

对任意一个可修单元，平均修复时间模型为完成该产品修复的各项独立维修活动的平均时间之和，表达式为

$$\overline{M}_{ct} = \overline{T}_P + \overline{T}_M + \overline{T}_D + \overline{T}_I + \overline{T}_R + \overline{T}_A + \overline{T}_C \qquad (3 - 22)$$

式中　$\overline{T}_P$ —— 准备时间；

$\overline{T}_M$ —— 故障隔离时间；

$\overline{T}_D$——分解时间；

$\overline{T}_I$——更换时间；

$\overline{T}_R$——再组装时间；

$\overline{T}_A$——调准时间；

$\overline{T}_C$——检验时间。

此外，还可以将系统平均维修时间 $M_{ct}$ 表示为有关因素的函数关系，即

$$\overline{M_{ct}} = f(x_1, x_2, \cdots, x_n)$$

式中　$x_1, x_2, \cdots, x_n$——所考虑的各有关因素，如产品可达性、标准化、互换性、测试性等；函数关系通常由统计的历史数据采用多元回归、人工神经网络方式确定。

**例 1**　雷达平均修复时间（以小时计）。

根据我国的统计数据，可用线性回归模型，即

$$\overline{M_{ct}} = 0.51\mu_1 + 0.0025\mu_2 \tag{3-23}$$

式中　$\mu_1$——发生一次故障所需更换的单元数；

　　　$\mu_2$——可更换单元数。

**例 2**　地面雷达、指挥仪的基层级维修的平均修复时间（以分钟计）。

根据军械工程学院电子系的试验统计，为一个非线性回归模型，即

$$\overline{M_{ct}} = \exp(6.897 - 0.35x_1 - 0.15x_2 - 0.20x_3 - 0.10x_4 - 0.15x_5) \tag{3-24}$$

式中　$x_1 \sim x_5$——检测快速性、模块化、可达性、标记、配套因子，由差到好取 $1 \sim 4$ 分。

## 2. 串行作业模型（累加模型）

在维修工作中，一次维修事件是由若干维修活动组成的，而各项维修活动是由若干项维修作业组成的，如果一项维修活动必须按顺序进行，如故障诊断、故障定位、备件获取、故障件拆卸、故障件更换以及修复后检测等维修活动；或者只有一个维修人员或维修组，不能同时进行几项活动或作业，此类维修就是串行作业。如果已知每项活动（基本维修作业）时间的分布函数，则可求得总维修时间的分布。

串行作业模型的维修时间为

$$T = \sum_{i=1}^{n} T_i \tag{3-25}$$

式中　$T$——某项维修事件（活动）的时间；

　　　$n$——完成该项维修事件（活动）需要的活动（基本维修作业）数，且各活

动相互独立；

$T_i$——每项活动(基本维修作业)的时间。

当维修时间分布未知时,可按照 $\beta$ 分布处理。

**3. 并行作业模型**

对于采用了冗余设计的复杂系统,一个或几个单元发生故障并不会对某既定任务产生影响,因此,维修活动可以在一个任务完成后进行,而且要维修的可能是系统运行期间产生的多重故障,这种维修活动称为并行维修。并行维修作业模型适用于预防性维修活动,在系统使用前、后的勤务检查等事件分析。若系统由 $n$ 个单元组成,则并行作业的维修持续时间等于各项活动(基本维修作业)时间的最大值:

$$T = \max(T_1, T_2, \cdots, T_n) \tag{3-26}$$

式中　$T$——某项维修事件(活动)的时间;

$T_i$——每项并行作业活动(基本维修作业)的时间。

**4. 网络作业模型**

如果组成维修事件(活动)的各项活动(基本维修活动)既不是串行又不是并行关系,即串并联混合,则可用网络模型来描述,采用网络计划技术计算维修时间。它适用于装备大修时间分析或复杂装备的维修时间分析,也可用于有交叉作业的其他维修时间计算。总的维修时间模型表达式如下:

$$T = \sum_{i=1}^{n} T_i + \max(T_1, T_2, \cdots, T_n) \tag{3-27}$$

## 3.3.3　维修工时模型

维修工时指维修某系统所需的全部维修人员在所有相关维修活动中所花费维修时数的总和。如果维修某系统需要 $n$ 个维修事件,而每个维修事件 $i$ 包含 $m$ 个基本维修作业(或活动),则系统维修事件的平均维修工时模型为

$$\overline{M}_h = \sum_{j=1}^{n} \alpha_i \overline{M}_{hi} \tag{3-28}$$

$$\overline{M}_{hi} = \sum_{k=1}^{m} t_{ik} N_{ik} \tag{3-29}$$

式中　$\overline{M}_h$——系统的平均维修工时数;

$\overline{M}_{hi}$——第 $i$ 个维修事件的平均维修工时数;

$\alpha_i$——第 $i$ 个维修事件发生的概率；

$t_{ik}$——第 $i$ 个维修事件中第 $k$ 项基本维修活动的平均维修时间；

$N_{ik}$——第 $i$ 个维修事件中第 $k$ 项基本维修活动所需的人数；

$n$——系统所需的维修事件数；

$m$——每个维修事件所需的基本维修作业（或活动）数。

### 3.3.4 维修费用模型

维修费用指无人机全系统在使用阶段与维修与保障有关的所有费用之和，包括既定的维修费用（如大修、中修、小修、维护、保养、测试等）、维修设备购置费、维修人员培训费、工资费、维修管理业务费等。维修费用的总体估算模型如下：

$$C = \sum_{i=1}^{n} C_i \qquad (3-30)$$

式中    $C$——系统的维修保障费用；

$C_i$——第 $i$ 个维修费用因素的费用。

传统的费用估算须基于大量的原始费用数据，方法有工程法、参数法、类比法和专家判断法四种。近年，针对保障费用数据匮乏、样本容量小、变量间关系复杂等特点，出现了偏最小二乘回归法、基于灰色理论的估算方法、神经网络方法、支持向量机预测方法等。

## |3.4  以可靠性为中心的维修（RCM）|

### 3.4.1 RCM特点

目前，无论定性或定量的维修计划，通常都是依据想定的保障系统功能所需的维修任务制定的，而这些维修任务，可能需要在多年的积累和大量的维修实践基础上再结合逻辑推理和数据分析才能梳理清楚。而且由于产品所处的寿命周期不同、工作环境不同以及备件来源的不一致等，往往使设备所处的状态与设计想定的工况不同，因此在具体的维修过程中，传统的定时预防维修的理念，通常体现为维修不足或过度维修的情况。

RCM 是目前国际上通用的、用以确定资产预防性维修需求、优化维修制度的一种系统工程方法。RCM 技术是以基于系统服役的实际维修需求,确定必须完成哪些作业才能确保系统能够继续完成使用者所需的各种功能,其维修分析的依据是:维修不能改善硬件设计的固有可靠性,良好的维修只能保持其固有可靠性。该方法重在功能分析,克服了传统维修观念中,与实际需求严重脱离和故障模式与影响模糊不清的缺陷,改变了过去根据设备故障的技术特性,对故障本身进行预防的片面孤立的传统观念,在近几十年得到大力推广和应用。

以可靠性为中心的维修分析是指按照以最少的资源消耗保持装备固有可靠性水平和安全性的原则,应用逻辑决断的方法确定装备预防性维修要求的过程。RCM 是一种方法或过程,其基本思路是结合产品特点以及各种已发故障或潜在故障信息,对系统进行功能与故障分析,明确系统内可能发生的故障、故障原因及其后果;针对待维修项目各功能故障原因,用规范化的逻辑决断方法,判断哪些子系统或零部件处于临界状态,确定出针对各故障后果的预防性对策,如哪些需要修复、哪些需要改进或哪些需要重新设计;结合产品的维修保障信息,通过现场故障数据统计、专家评估、定量化建模等手段在保证安全性和完好性的前提下,以维修停机损失最小为目标优化系统的维修策略,避免了主观判断的风险以及方案遗漏带来的失误。与传统的维修相比,RCM 既提高了安全性又降低了费用,而且还实现了过程可追溯。实践证明:如果 RCM 被正确运用到现行的维修系统中,在保证生产安全性和资产可靠性的条件下,可将日常维修工作量降低 40% 至 70%,大大提高了资产的使用效率。

美国联邦航空局 FAA 规定的以可靠性为中心的维修,基于 MSG-3 标准,以完成任务为目标,按照自上向下的 FMEA 方法,从系统角度处理功能故障隐患,既提高操作简便性与系统安全性又可降低费用消耗。该方法的逻辑决策中,既考虑故障隐患,又包含附加失效,能够识别功能失效的安全性、可操作性和经济性三种后果。FAA 规定了所有新型或改型飞行器必须进行 MSG 维修分析,这也是美国适航局唯一认可的维修方法。我国在消化吸收国外同类方法和标准的基础上,自 20 世纪 80 年代,将 RCM 方法应用于"歼六"飞机的维修。2003年以后,RCM 方法开始大规模应用于陆军装备、海军舰艇等武器装备,该方法在军用装备维修领域取得了较为广泛的采用。同时,RCM 方法在各种大型工业设备、铁路、核电站等领域的应用也取得了较好效果。关于以可靠性为中心的维修分析过程可参考 GJB 1378A-2007《装备以可靠性为中心的维修分析》。

## 3.4.2 RCM基本方法

### 1. 经典 RCM

经典 RCM 是指按顺序分析和完成如下 7 个问题的过程：

1）在现行的使用背景下，装备的功能及相关的性能标准是什么？（功能）

2）什么情况下装备无法实现其功能？（功能失效）

3）引起各功能失效的原因是什么？（失效模式）

4）各失效发生时，会出现什么情况？（失效影响）

5）各失效在什么情况下至关重要？（故障后果）

6）做什么工作才能预计或预防各失效？（主动性工作类型与工作间隔期）

7）找不到适当的主动性维修工作应怎么办？（非主动性工作）

由于该方法是美国军方委托汽车工程师协会（SAE）制定的一种通用标准——SAEJA1011《以可靠性为中心的维修过程的评审准则》，其对 RCM 方法进行统一和规范化起到了里程碑的作用，但针对不同的产品特点，全部完成 7 个步骤会显得比较烦琐，实际实施过程中，会针对产品的实际需求，进行简化和裁剪。

### 2. 简化 RCM

简化 RCM 简称 SRCM（Streamlined Reliability Centered Maintenance），SRCM 的独特之处在于对关键重要功能的识别、关键性与非关键性的分析。SRCM 的应用依赖于设备或系统在使用过程中累积的经验，即着重分析故障率较高、故障后果较为严重的设备或系统，列出其中最重要的故障模式，以及在这种故障模式下，可能造成最坏的故障后果；而对于非关键性的故障，则不必采用RCM，以较为简单的维修任务进行预防或修理即可。

（1）系统或设备

对重要功能产品的功能识别，按照系统—分系统—子系统—部组件—可更换单元的由上至下的层级，分列各产品，形成系统的结构框图，对结构框图中每一个产品的故障后果进行评估，若判定：可能影响安全、可能影响任务完成、可能导致重大经济损失，即判定为重要功能产品。

（2）结构

结构指不宜按系统和设备分析的结构项目，如结构组件、结构零件和结构细节等，按照结构静力试验、疲劳试验、耐久性试验或损伤容限等的试验数据，实际环境中的内、外部防腐蚀状况,结构材料、形状及主要受力情况等,分析损伤后是否会使无人平台削弱到对任务或安全产生有害影响的结构组件划为重要结构项目,其余为非重要结构项目。对重要结构项目,按照损伤形式(如疲劳损伤、环境损伤和偶然损伤等)进行进一步的评级,以细化检测或维修措施。

**3. 反向 RCM**

反向 RCM 作为一种改进的 RCM 分析方法,是从维修任务开始,首先需要确定每一项维修任务期望预防的故障模式,然后通过 RCM 过程的后三个步骤重新检查每一种故障后果,通过减少现有维修任务中故障模式发生的概率,来优化维修工作量,以达到节省维修费用的目的。该方法之所以称之为"反向",是因其分析逻辑与经典方法相反。经典方法是先分析所有可能的故障模式,然后决策采用何种维修工作;而反向 RCM 从现有工作出发,分析工作中存在的问题,根据问题制订对策。由此,其立足于维修任务工作量的减少而不是设备性能的改善的特点(面向功能是经典 RCM 的主要目标),取得了一定的费用效益,但该方法通常会忽略一些潜在的故障模式,致使其在使用的过程会存在一定的风险。因此,在使用该方法的过程中应尽量把一些重要的、关键的故障模式考虑全,这样才能使该方法确实发挥应有的作用。

## 3.4.3　FMECA分析

FMECA 是分析产品所有可能的故障模式及其可能产生的影响,并按每个故障模式产生影响的严重程度及其发生概率予以分类的一种归纳分析方法,是属于单因素的分析方法。FMECA 由故障模式及影响分析(FMEA)与危害性分析(CA)两部分组成,而且要在 FMEA 分析的基础上,才能进行 CA。

在产品寿命周期各阶段都要进行 FMECA 分析,目的是从全流程不同角度发现产品的各种缺陷与薄弱环节,并采取有效的改进和补偿措施以提高或保持可靠性水平。在使用阶段主要进行硬件 FMECA、软件 FMECA、损坏模式及影响分析、过程 FMECA。

**1. FMEA**

FMEA 是对无人机系统的各级子系统、部组件、零件服役过程中可能的故障进行分析,找出故障的所有潜在失效模式,并分析其可能的后果。分析过程可以按照以下步骤进行。

（1）故障树

故障树分析方法,又称失效树分析法,简称FTA,是通过分析可能造成系统故障的各种原因,由整体到部分逐级细化分析,画出逻辑框图,即故障树,从而找出系统故障原因的发生概率或各种可能组合方式。它是把所研究的系统的最不希望发生的故障状态作为分析的目标,进而寻找直接导致这一故障发生的所有原因,然后找出导致下一级事件发生的所有直接原因,一直查找到那些原始的、其概率分布或故障机理都是已知的,因此不需再深追究的原因为止。故障树的建造是FTA法的关键,核心工作为确定顶事件(指系统最不希望发生的故障事件),然后逐级找出导致各级事件发生的所有可能的直接原因,并用故障树的逻辑符号表示各类事件以及其逻辑关系,直到分析至最底层底事件(故障树分析中仅导致其他事件的原因事件)为止。无人机结构与动力系统的故障树如图3-11所示。

（2）故障模式

FMEA方法有按照系统功能进行分析的功能FMEA,也有按照硬件特征分析的硬件FMEA,图3-11所示是按照功能关系逐层分解到设备/部件层级的,因此其故障(或失效)模式是所有可能的硬件故障/部件模式。仍以无人机结构与动力系统为例,其各部组件与零件失效模式如下:

1）易损件(栓、钉、销):断裂、滑丝、变形、锈蚀、松动;

2）翼(舵)面:破损、开裂、变形、老化;

3）燃油袋:开裂、老化;

4）油管:过压爆裂、老化、油管与连接阀不匹配;

5）发动机气缸:磨损、裂纹、缸体变形;

6）高压包:匝间短路、匝间开路;

7）缸温线:断路、性能退化;

8）螺旋桨:裂纹、断裂;

9）机身蒙皮:破损、撕裂、老化;

10）金属框:断裂、锈蚀;

11）肋(加强肋、普通肋):变形、断裂;

12）机体的铆接:变形、断裂、锈蚀;

13）机体的胶接:脱黏、老化;

14）垂直尾翼连杆:变形、锈蚀;

15）方向舵连杆:变形、锈蚀;

16）升降副翼翼面:破损、开裂、老化;

17）升降副翼连杆:变形、锈蚀;

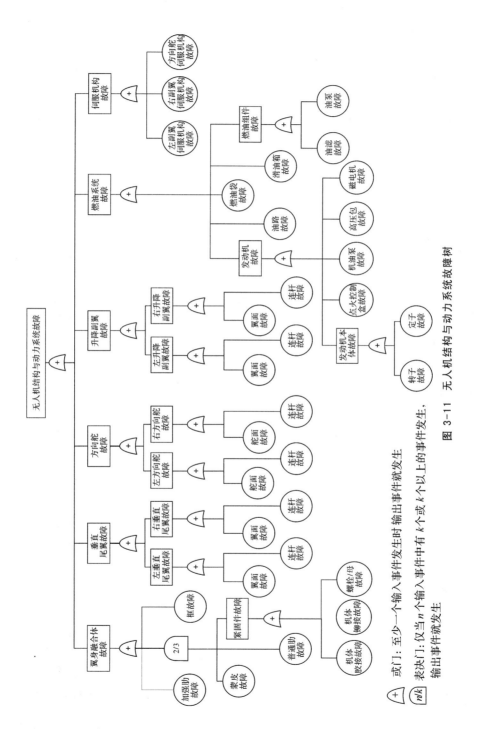

图 3-11 无人机结构与动力系统故障树

或门: 至少一个输入事件发生时 输出事件就发生

表决门: 仅当 $n$ 个输入事件中有 $k$ 个或 $k$ 个以上的事件发生, 输出事件就发生

18)控制电路:开路、短路;

19)油泵:漏油、卡死或转动不灵活;

20)油滤:老化、积渣渍;

21)滑油箱:变形、开裂、锈蚀;

22)油箱接口:脱胶;

23)发动机本体定子(或转子):线圈短路、线圈开路;

24)点火控制盒:受潮;

25)机油泵:漏油、卡死或转动不灵活、轴断裂、齿轮断裂、壳体断裂或碎裂(断耳、断脚、断支架、断止口)、衬套跑外圆、销或键断裂;

26)磁电机:漏磁、短路;

27)启动器电机:定子线圈短路、定子线圈开路。

需要说明的是,上述故障模式包含了可能引起的潜在故障(指产品或产品的一部分将不能完成预定功能的事件或状态,该状态应可识别)以及功能故障(指产品或产品的一部分不能完成预定功能的事件或状态)。潜在故障的发生,预示着功能故障将要发生。以无人机结构某部件的裂纹和断裂为例,二者的关系如图 3-12 所示。

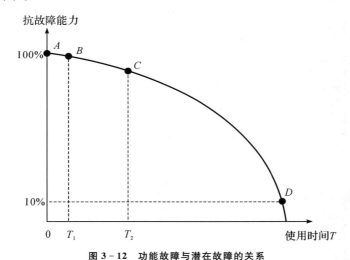

图 3-12　功能故障与潜在故障的关系

A—无故障;B—有初始裂纹,不可见;C—潜在故障;D—功能故障,断裂

（3）定义故障判据

故障判据是判定产品故障的界限,在规定的条件下和规定的时间内,不同产品的故障可包括这几种情形:不能完成规定的功能;某些性能指标不能保持在规

定范围内;引起对人员、环境、能源和物资等方面的影响超出了允许范围。针对具体产品,故障判据可根据产品的功能、性能指标、使用环境等允许极限进行确定。由于不同产品的失效特点不同,通常划分为成败型和性能退化型,基于性能退化的思想,故障判据也应该有一个包络区间,因此,可以采用模糊数学的方法进行故障判据分析,如对无人机结构系统中成败型的结构,可采用三角模糊数等方法定义故障判据,对于发动机中有性能参数要求的设备,可采用正态模糊数等方法定义故障判据。

（4）定义严酷度类别

在进行故障影响分析之前,应对故障模式的严酷度类别（或等级）进行定义。它是根据故障模式最终可能出现的人员伤亡、任务失败、产品损坏（经济损失）和环境损害等方面的影响程度进行确定的。武器装备常用的严酷度类别的定义见表 3－5。

表 3－5　无人机系统的严酷度类别

| 严酷度类别 | 定　义 |
|---|---|
| Ⅰ类（灾难性的） | 引起无人机毁坏、重大环境损害、引起人员死亡 |
| Ⅱ类（致命的） | 导致任务失败,或重大经济损失,或无人机严重损坏及严重环境损害、引起人员的严重伤害 |
| Ⅲ类（中等的） | 导致任务延误或降级,或中等程度经济损失,或无人机中等程度损坏及中等程度环境损害、引起人员的中等程度伤害 |
| Ⅳ类（轻度的） | 导致轻度经济损失,或无人机轻度损坏及轻度环境损害、引起人员的中等程度伤害,但会导致非计划性维护或修理 |

（5）FMEA 记录

通常以表格的形式记录 FMEA 分析的过程和结果。内容包括按照系统或子系统功能,对所分析系统的硬件或设备按照功能层次对功能故障或潜在故障模式记录故障原因分析、故障影响及严酷度分析,提出故障检测维修的方法建议。

故障原因分析有两种方法。一是分析故障发生的直接原因,主要是导致产品发生功能故障模式或潜在故障模式的物理、化学或生物变化过程等;二是分析故障发生的间接原因,主要是使用环境、人为以及其他产品关联故障等外部因素。

故障影响及严酷度分析主要判断单个功能系统中某产品的某个故障模式会产生三级故障的哪一种,即是对该产品、其高一层次产品还是该系统的使用、功能或状态产生影响。

**2. CA**

CA 是对每一个故障模式的严重程度及其发生的概率所产生的综合影响进

行分类,以全面评价产品中所有可能出现的故障模式的影响。常用的方法有风险优先数(RPN)方法、危害性矩阵分析方法等。CA 分析通常也采用表格的形式,表中对各种分析方法中的相关参数和分析结果都要记录。

RPN 越高,危害性越大。某产品故障模式的 RPN 是该故障模式的严酷度等级(ESR)和故障模式发生概率等级(OPR)之积。该方法的核心是确定 ESR 和 OPR 的等级及评分准则,通常 ESR 和 OPR 都可划分为 10 级,不同等级下的评分准则要根据产品的实际情况来定,可采用修理级别分析的相关方法进行分析。

危害性矩阵分析方法可以分为定性分析和定量分析两种。当无法获得产品的故障数据时,选择定性分析方法,如果能获得较为准确的故障数据,即可采用定量的分析方法。定性分析是将故障模式发生的可能性按照出现的概率大小分成经常发生、有时发生、偶然发生、很少发生或极少发生等多个不同等级,然后按照危害性矩阵图(严酷等级一危害度)进行危害程度分析。定量分析方法是利用故障模式危害度和产品危害度公式进行解算后再按照危害性矩阵图进行危害程度分析,主要的输入参数有某故障模式概率比、故障模式影响概率比、失效率等。详细分析过程可参阅《故障模式、影响及危害性分析指南》(GJB−Z 1391—2006ZZ)。

## 3.4.4　RCM逻辑分析

对于系统和设备类的维修工作项目,逻辑决断图的分析流程始于决断图的顶部,应根据对问题的回答为"是"或"否"来确定分析流程的方向。逻辑决断图一般应分为两层。第一层确定故障影响:包括图 3−13 中问题 1 至 5。应根据故障模式和影响分析结果确定各功能故障的影响类型,即将功能故障影响划分为明显的安全性、任务性、经济性影响和隐蔽的安全性、任务性、经济性影响。第二层选择预防性维修工作类型:包括图 3−13 中问题 A 至 F。考虑各功能故障的原因,选择每个以可靠性为中心的维修分析项目的预防性维修工作类型。对于具有明显功能故障的项目,可供选择的维修工作类型为保养、操作人员监控、使用检查、功能检测、定时拆修、定时报废和综合工作(多种工作类型)。对于隐蔽功能故障的项目,可供选择的预防性维修工作类型为保养、使用检查、功能检测、定时拆修、定时报废和综合工作。

对于结构类的维修工作项目,主要是确定检查等级和检查间隔期并提出维修级别的建议。逻辑决断过程是首先按故障后果将结构项目划分为重要结构项目和非重要结构项目。凡其损伤会使装备结构削弱到对安全或任务产生有害影响的结构组件、结构零件或结构细节应划为重要结构项目,其余为非重要结构项目。然后依次回答图 3−14 中的问题 D1 至 D6 和作业流程 P1 至 P6,其预防性维修工作类型有目视检查、无损检测,确定首检期和检测间隔期等。

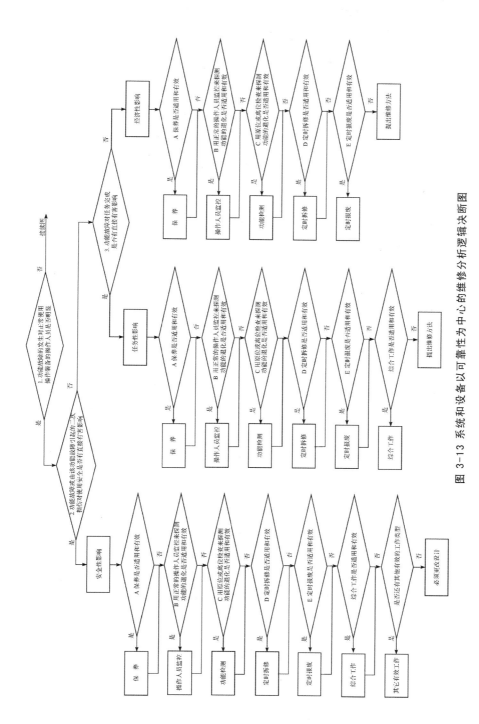

图 3-13 系统和设备以可靠性为中心的维修分析逻辑决断图

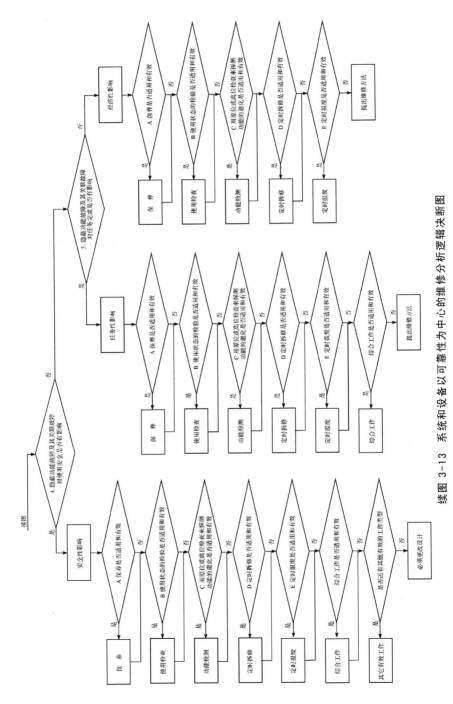

续图 3-13 系统和设备以可靠性为中心的维修分析逻辑决断图

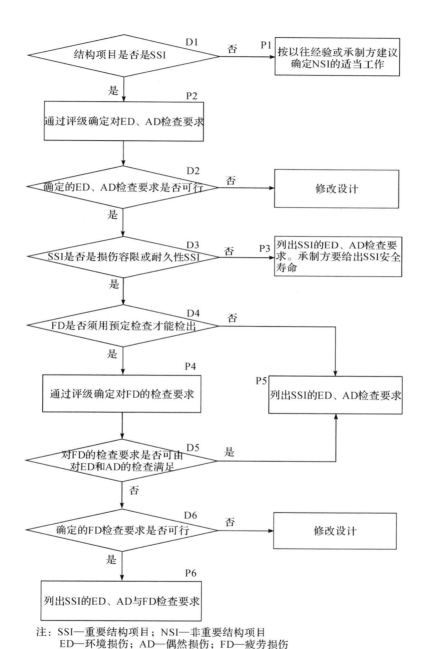

注：SSI—重要结构项目；NSI—非重要结构项目
    ED—环境损伤；AD—偶然损伤；FD—疲劳损伤

图 3-14　结构以可靠性为中心的维修分析逻辑决断图

# 参考文献

[1]Valavanis K P，Vachtsevanos G J. Handbook of Unmanned Aerial Vehicles[M]. Springer Netherlands，2015.

[2]张耀辉，郭金茂，单志伟，等. 装备预防性维修的维修级别逻辑决策分析方法[J]. 装甲兵工程学院学报，2008，22(5)：44—48.

[3]《飞机设计手册》总编委会. 飞机设计手. 第 21 册——产品综合保障[M]. 北京：航空工业出版社，2000.

[5]吕川. 维修性设计分析与验证[M]. 北京：国防工业出版社，2012.

[6]《飞机设计手册》总编委会. 飞机设计手册. 第 20 册——可靠性、维修性设计[M]. 北京：航空工业出版社，1999.

[7]Smith A M，Hinchaliffe G. RcM——Gateway to World Class Maintenanc[M]. 2nd ed. Oxford：Butterworth—Heinemann，2003.

[8]张树忠，曾钦达，高诚辉. 以可靠性为中心的维修 RCM 方法分析[J]. 世界科技研究与发展，2012，34(6)：895—898.

[9]武禹陶，贾希胜，温亮，等. 以可靠性为中心的维修（RCM）发展与应用综述[J]. 军械工程学院学报，2016，28(4)：13—21.

第 4 章

# 无人机后勤保障测试技术

现代电子技术迅速发展，特别是各种微型电路在现代航空电子设备中的广泛应用，大大改进了飞机的可靠性、维修性，但也给飞机带来了严重的测试和保障问题，特别是现代高技术战斗机在外场使用所暴露的测试问题已严重地影响了飞机的战备完好性和寿命周期费用，引起了世界各国的重视。美国率先引领了测试技术的发展，美国国防部把测试性作为与可靠性、维修性同等重要的独立学科，要求在装备研制阶段实施测试性分析、设计和验证，包括系统的检测方式、检测系统、检测点配置等，通过设计使检测诊断更加简便、迅速、准确、可靠。

# |4.1 测试性概述|

## 4.1.1 概述

20世纪70年代,美军在装备维护过程中发现,随着系统的复杂度不断提高,经典的测试方法已不能适应要求,甚至出现测试成本与研制成本倒挂的局面。美军强调,要研制和使用模块化、嵌入式的通用自动化检测设备,通过配备不同的软硬件模块,自动对不同装备进行故障监控、原位检测、隔离和识别。20世纪80年代中期,测试性作为一门学科从维修性中分离形成。其间,美国军方相继实施了综合诊断研究计划并颁布了《系统和装备的可测性大纲》,大纲将可测性作为与可靠性及维修性等同的设计要求,并规定了可测性分析、设计及验证的要求及实施方法。该标准的颁布标志着可测试性作为一门独立学科的确立。

可测试性是测试信息获取难易程度的表征。可测试性(Testability)定义:产品能及时准确地确定其状态(可工作、不可工作、性能下降),隔离其内部故障的设计特性。一个产品的可测试性包括两方面的含义:一方面,能通过外部控制激活产品状态(通常为故障状态)的特性,即可控性;另一方面,能通过控制将激活的故障状态传送到可观测端口的特性,即可观测性。可测试性技术的应用可以极大地提高无人机系统的性能和质量。在设计阶段,可以对产品设计原型进行虚拟测试,一方面验证设计方案,改进设计、排除可能的设计缺陷,另一方面,对于影响系统安全的关键设备和部位制定监控策略及测试参数;在生产阶段,可以对产品进行全面的测试,排除产品的潜在故障,从而降低使用过程中的故障率,提高其质量和可靠性;在使用阶段,通过定期监控与测试,及时发现故障隐患,切断故障源,防止灾难性故障发生,提高安全性。可测试性技术可以缩短产品研制、试验和评价的周期,降低产品的研制费用,提高产品的可用性指标,减少产品的维护和保障费用,从而降低产品的全寿命周期费用。

测试性作为产品的重要设计特性,对维修性、可靠性、可用性、战备完好性、寿命周期费用及系统的性能和安全性等都有直接或间接的影响(见图 4-1)。为了保证系统的整体性能水平,在系统研制的早期就应规定测试性要求,并把这些要求写入有关技术规范和合同文件。

测试性要求包括定性要求和定量要求。定性要求通常包括划分要求、测试点要求、状态监控要求、兼容性要求以及故障指示、报告和记录要求等。定量要求包括测试性参数的选择及指示的确定。测试性要求的确定是一个反复迭代和权衡的过程,它是测试性设计最基本和关键的步骤。产品一旦生产出,就具备了一定的可测试性。正如可靠性可以通过 MTBF 等可靠性指标度量一样,可测性也可以通过可控性、可观测性指标度量。要改善产品的可测试性指标,必须在产品设计阶段就进行良好的可测试性设计。

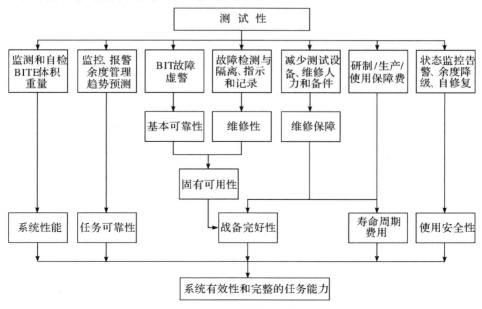

图 4-1　测试性与系统各种特性的关系

## 4.1.2　测试分类

从不同的测试角度,如测试对象、测试方法以及测试特点,对测试的划分方式不同、针对测试对象,可分为系统测试和分部测试;针对系统状态,可分为静态测试和动态测试;针对测试方法,可分为自动测试、半自动测试和人工测试,或机内测试(BIT)和外部测试,或在线测试和离线测试,或开环测试和闭环测试;针对测试结果,可分为定量测试和定性测试。针对无人机的系统功能,目前主要采用多级机内自动测试与外部半自动和人工测试的方法。

### 1. 机内测试(Built In Test,BIT)

为了提高复杂航空电子系统的故障诊断能力,自 20 世纪 80 年代初,一些大型复杂武器系统开始将机内测试方法应用到设计过程,如美军的 F - 16、F - 22、F - 117 等都采用了 BIT。美军标 MIL - STD - 1309C 给出的 BIT 定义:系统、设备内部提供的检测、隔离故障的自动测试能力。实现 BIT 功能的装置是机内测试设备(BITE),是可以识别的硬件和/或软件。BIT 能在被测单元工作期间周期地或连续地监测其运行状态,及时发现故障并报警。BIT 测试极地大方便了武器系统中电子设备的性能检测,并至少可降低 50 % 的维修时间,从而最终降低了设备的总体费用。波音 747、757、767 等客机更是 BIT 技术成功应用的典范,美国航空工业集团(如波音、休斯和格鲁曼等公司)在 BIT 的规范制订、预先研究、工程应用等方面都发挥了领头羊的作用,其理论和技术都代表了世界领先水平。

目前,在无人机系统研制之初就已把 BIT 技术作为系统的一种主要设计特性应用到研制周期的各个阶段,主要对由模拟、数字、集成电路等电子元器件组成的航空电子系统应用 BIT,在实际使用过程中,只需要按照操作规程进行通电检测即可,可实现系统或设备的在线故障检测与实时诊断。BIT 的重要功能是把设备故障隔离到外场可更换单元(LRU)或外场可更换模块(LRM)。但航空电子设备的常规 BIT 虚警率高,不可重现、重测合格的问题严重,而且由于 BIT 受 10 % 软硬件增量限制,不可能完全完成故障隔离和达到较高的故障隔离率要求,有时需要借助 ATE 来共同完成故障隔离。

一般运行中使用 BIT 和性能监测,基层级维修使用 BIT 和(或)便携式测试设备。机内测试设备(BITE)是被设计进系统电路中的用于执行检测和隔离故障的硬件和软件,在使用中,需要和外部专用测试设备配合工作。具有机内测试设备的系统,在每个野外换修件中装有专门用于测试的微处理器和只读存储器,可以向外部提供反映该部件功能和内部各组成单元功能是否完好的数据。当系统自检显示出该部件有故障时,将专用测试设备通过电缆与该部件连接,把有关数据传送到专用测试设备中,再由专用测试设备对来自各部件的信息进行第二次处理。这样,可以进一步隔离故障,并有效地抑制虚警。

**2. 外部自动测试**

外部自动测试通常借助自动测试设备(Automatic Test Equipment,ATE)完成。ATE 是用于自动完成对被测单元故障诊断、功能参数分析及性能下降评价的测试设备,通常在计算机控制下完成分析评价并给出判断结果。ATE 能自动对被测对象施加激励和采集响应,自动对采集的数据进行分析,自动显示或记录系统工作状况和故障状态以及列出处理方法。通常 ATE 与被测单元是分离的,只有需要检测时才进行连接测试,所以称为外部自动测试设备。ATE 能实现自动测试的前提是被试产品事前必须经过相应的可测性设计。ATE 大多数采用计算机和相应的外围设备,操作面板上有与各部件和印制板相接口的电缆插座,ATE 通过这些插座向被测单元提供各种数字信号、模拟信号、通信信号、电源和负载,同时接收由被试单元反馈回来的信号。用 ATE 进行测试通常用人机对话方式进行。

ATE 的功能是把 LRU 或 LRM 中的故障隔离到内场可更换单元(SRU)。ATE 的开发研制始于 20 世纪 50 年代,以美国为例,ATE 的发展大致经过了 4 个阶段,即 60 年代以前主要以人工或专用测试仪器进行测试的早期阶段;60—70 年代中期发展成由计算机控制的专用化半自动/自动测试设备的发展阶段;80 年代中期则以微型计算机、独立操作系统、IEEE-488、CAMAC、RS-232 总结构为标准,研制成多功能、易组合、可扩展式 ATE 的成熟期阶段;80 年代中期进入以 VXI 总线为标准的低成本、高性能、便携式的 ATE 完善阶段。

中继级和基地级维修通常使用 ATE。据统计,采用先进的 ATE 技术,能够使维修测试效率提高 10 倍以上,故障隔离效率提高 30% 之多,并可在其全寿命周期内节省 20% 以上的测试维修保障费用。但是,ATE 存在费用高、种类多、操作复杂、人员培训困难、只能离线检查等方面的不足。

**3. 综合诊断系统**

综合诊断是综合利用装备内部及外部测试与诊断的各种资源(测试软硬件设备、自动和人工测试方法、维修辅助手段、技术资料、人员等)进行系统分析与判断,以最少虚警和错误拆卸来检测所有故障并把这些故障隔离到单个外场可更换单元,以使系统的诊断效能达到最佳的一种结构化过程,是实现经济有效地

检测和无模糊隔离系统及设备中所有已知的或可能发生的故障以满足全系统任务要求的方法。综合诊断系统是集状态监控、故障诊断、控制决策与一体的、智能的综合系统。综合诊断所考虑的诊断要素定义为任何明显的、单个的诊断能力，分为嵌入式、保障设备、人工三类。嵌入式诊断要素包括连续 BIT、启动 BIT 和接口等，保障设备包括自动测试、半自动测试、人工测试以及 BITE、TPS 和接口等，人工包括培训、技术规范、信息系统等。这些诊断要素，有的用于机内，有的用于机外，有的既可以用于机内，也可以用于机外。综合诊断不仅对构成诊断方案的要素进行了进一步的明确，同时更强调了采用统一的诊断信息模型作为诊断要素之间的协同和配合。

作为无人机 BIT 检测的发展方向，综合诊断是在现有检测、诊断的基础上，具有复杂故障诊断、故障精确定位、系统状态控制以及关键部件保护等功能。美国研制中的先进综合航空电分系统，其计划达到的综合诊断的基本目标为：在系统运行过程中，利用 BIT 和重构技术，对功能组件和外场可更换单元实现 100％故障检测和隔离；在基层级维修中，对功能组件和外场可更换单元实现 100％故障检测和隔离；在基地级维修中，对元器件实现 100％故障检测和隔离。综合诊断系统要具备监控系统、综合显示系统、数据收集与传输系统、故障诊断与分析系统、知识库、专家决策系统等多种软硬件资源，可以结合人工智能等先进理论和技术的综合诊断，通过故障检测、性能监控、测试维修等进行外场级、中继级和基地级等多层次的诊断，使各级维修测试都能达到最佳诊断能力，以最大限度地降低虚警率。

## 4. 人工测试

人工测试是以维修人员为主的故障诊断测试。它主要是依靠人的直觉并借助一些简单通用的仪器设备和工具来判断被测单元的状态信息。由于 BIT 和 ATE 等自动诊断难以达到百分之百的故障检测与隔离能力，对难以实现自动检测的故障模式或部件，或为了对自动测试提供备份，可以用人工测试的方法。人工测试需要明确测试点、传感器、通用测试设备、测试工具和装置、测试流程图以及诊断手册等详细的诊断方案。

人工测试可采用通用的较简单的测试设备，如示波器、信号发生器、万用表等，有些需要将测试性结合系统设计进行专门设计。人工测试设备故障诊断的能力，取决于被测试单元测试性设计的完善程度。使用人工测试设备，可以对某些部件进行独立测试，也可以借助一部分完好的部件建立一个标准的测试环境，借助机内自检和人工输入一定的激励信号，对现场和车间换修件进行检测和故障隔离。部队中继级测试设备大多数属于此种类型。但检测与隔离故障、判断系统状态所需的时间比自动测试设备要长得多,对维修人员的技术水平要求也较高。值得说明的是,将计算机技术引入测试设备,可以给测试工作带来很多方便和增加自动的成分。

**5. 无损测试**

无损检测是利用材料的某些物理量由于有缺陷而发生的变化,测量其变化量,从而判断材料内部是否存在缺陷,可用于检测无人机结构材料的性能损伤情况。目前,常用的无损检测方法主要包括磁粉检测、渗透检测、涡流检测、超声检测、X 射线检测等方法。此外,美军正在大力推广许多新的无损检测技术,如声阻抗法、全息摄影、红外检测、声发射、磁橡胶法等,使故障检测率有较大的提高,检测范围已从外表损伤扩大到复合材料结合的缺陷、内部结构的胶接质量、疲劳裂纹的严重程度等。

# 4.1.3 测试性参数

测试性参数是对测试性特性的描述。测试性参数一般分为四种类型:性能、系统影响、功能过程影响、测试过程影响。常用的测试性参数有故障检测率、故障隔离率、虚警率、不能复现率、重测合格率、平均故障检测时间、平均故障隔离时间和可靠性等。

**1. 故障检测率(Fault Detection Rate,$r_{FD}$)**

在规定时间内,用规定方法正确检测到的故障数与故障总数之比,称为故障检测率,用百分数表示。数学表达式为

$$r_{FD} = \frac{N_D}{N_T} \times 100\% \qquad (4-1)$$

式中　$N_D$——用规定的方法正确检测到的实际故障数;

　　　$N_T$——在规定工作时间 $T$ 内实际发生的故障总数。

式(4-1)主要用于测试性验证和外场统计。

对于电子及某些机械产品来说,其故障率 $\lambda$ 为常数,式(4-1)可改写为

$$r_{FD} = \frac{\lambda_D}{\lambda} = \frac{\sum\limits_{i=1}^{k} \lambda_i}{\lambda} \times 100\% \qquad (4-2)$$

式中　$\lambda_D$——被检测出的所有故障模式的故障率之和;

　　　$\lambda$——被测产品的总故障率;

$\lambda_i$——被检测出的第 $i$ 个故障模式的故障率；

$k$——被检测出的故障模式数。

式（4-2）主要用于测试性分析和预计。

注意实际故障数不能包括瞬态故障，间歇故障只能计入一个故障。

**2. 故障隔离率（Fault Isolation Rate，$r_{FI}$）**

在规定时间内，用规定方法将检测到的故障正确隔离到不大于规定模糊度的故障数与同一时间内检测到的故障数之比，称为故障隔离率，用百分数表示。数学表达式为

$$r_{FI} = \frac{N_L}{N_D} \times 100\% \qquad (4-3)$$

式中　$N_L$——用规定的方法正确隔离到不大于规定模糊度的故障数；

$N_D$——用规定方法检测出的实际故障数。

用于电子及某些机械产品时，其数学表达式为

$$r_{FI} = \frac{\lambda_I}{\lambda_D} = \frac{\sum_{i=1}^{p} \lambda_{Li}}{\lambda_D} \times 100\% \qquad (4-4)$$

式中　$\lambda_I$——可隔离到不大于规定模糊度的故障模式的故障率之和；

$\lambda_D$——被检测出的所有故障模式的故障率之和；

$\lambda_{Li}$——可隔离到不大于规定模糊度的故障模式中第 $i$ 个故障模式的故障率；

$p$——可隔离到不大于规定模糊度的故障模式数。

$r_{FI}$ 用于描述机内测试和外部测试设备迅速而准确隔离已被检测出的故障的能力。关于其定义及表达式的几点说明如下：

1）定义中的模糊度指的是规定的可更换单元，它由维修方案决定，在外场维修测试时指的是 LRU，在野战维修车间测试时系指 SRU，在后方（基地）修理厂测试时指的是可更换的元器件或元件组。

2）一般情况下，故障隔离的方法包括机内测试、外部测试设备、手工测试和观察等方法。

3）在理想情况下，应将故障隔离到某一可更换单元，但是由于费用和技术水平或环境条件的限制，可先将故障隔离到 $L$ 个可更换单元（其中含有故障的单元），再采用其他方法隔离到故障单元，$L$ 被称为给定测试方法的故障隔离模糊度。$L$ 越大，$r_{FI}$ 越高。

**3. 虚警率(False Alarm Rate，$r_{FA}$)**

虚警率是指在规定时间内发生的虚警数和同一时间内的故障指示总数之比，用百分数表示。数学表达式为

$$r_{FA} = \frac{N_{FA}}{N} = \frac{N_{FA}}{N_{FA} + N_F} \times 100\% \tag{4-5}$$

式中　$N_{FA}$——虚警次数；

　　　　$N_F$——真实故障指示数；

　　　　$N$——指示(报警)总次数。

用于电子及某些机械产品的 其分析及预计模型为

$$r_{FA} = \frac{\sum\limits_{i=1}^{n} f_i}{\lambda_D + \sum\limits_{i=1}^{n} f_i} \times 100\% \tag{4-6}$$

式中　$f_i$——第 $i$ 个导致虚警的事件的频率，其中包括导致虚警的 BIT 故障的故障率和瞬态事件的频率；

　　　　$\lambda_D$——被检测出的所有故障模式的故障率之和；

　　　　$n$——导致虚警的事件总数。

此外，$r_{FA}$ 还可定义为单位时间内发生的虚警数，其表达式如下：

$$r_{FA} = \frac{N_{FA}}{T} \tag{4-7}$$

式中　$NFA$——虚警次数；

　　　　$T$——规定的工作时间。

有关虚警率定义的几点说明如下：

1)虚警率定义中虚警次数包括"假报"，即 BIT 指示有故障而实际上无故障发生，和"错报"即 A 发生故障而 BIT 却指示 B 故障。

2)虚警通常包括由于 BIT 和外部测试设备(ETE)功能故障、BIT 和 ETE 信号测量容差设计不合理以及瞬变状态等引起的三类虚警。

3)间歇故障以及瞬时故障不属于虚警。

**4. 不能复现率(Can Not Duplicated Rate，$r_{CND}$)**

不能复现率在规定的时间内，由 BIT 或其他监控电路指示的故障在外场维修中得不到证实(复现)的故障数与其指示的总故障数之比，用百分数表示。数学表达式为

$$r_{\text{CND}} = \frac{N_{\text{CND}}}{N_{\text{BT}}} \times 100\% \qquad (4-8)$$

式中    $N_{\text{CND}}$——在外场级维修中得不到证实的故障数;

$N_{\text{BT}}$——在规定工作时间 $T$ 内,由 BIT 或其他监控电路指示的总故障数。

$r_{\text{CND}}$ 针对的是 BIT 及其他故障监控电路的故障检测。影响 $r_{\text{CND}}$ 的主要因素包括 BIT 虚警、间歇故障、瞬变状态、故障出现环境不能复现等。进一步分解包括如下 8 种因素:操作员(驾驶员)的差错、BIT 潜在设计错误、环境诱发 BIT 错误、BIT 瞬态故障、BIT 硬件故障、系统潜在的设计错误、瞬态故障和由环境诱发的功能错误。

### 5. 重测合格率(Retest OK Rate,$r_{\text{RTK}}$)

重测合格率一般定义为在规定的时间内,某维修级别测试中发现有故障的可更换单元在更高维修级别中的测试时是合格的单元数与被测单元总数之比,用百分数表示。数学表达式为

$$r_{\text{RTK}} = \frac{N_{\text{RTK}}}{N_{\text{DT}}} \times 100\% \qquad (4-9)$$

式中    $N_{\text{RTK}}$——更高维修级别测试为合格的单元数;

$N_{\text{DT}}$——在规定工作时间内,在该维修级别测试发现有故障的被测单元总数。

$r_{\text{RTK}}$ 主要是针对野战级和后方级维修测试的故障隔离而言的,其影响的主要因素包括虚警、间歇故障、不正确的技术资料和故障隔离的模糊度等。

### 6. 平均故障检测时间(Mean Fault Detection Time,$T_{\text{FD}}$)

平均故障检测时间是指从开始故障检测到给出故障指示所经历时间的平均值。数学表达式

$$T_{\text{FD}} = \frac{\sum_{i=1}^{N_{\text{D}}} t_{\text{D}i}}{N_{\text{D}}} \qquad (4-10)$$

式中    $t_{\text{D}i}$——检测并指示第 $i$ 个故障所需的时间;

$N_{\text{D}}$——被检测出的故障数。

### 7. 平均故障隔离时间(Mean Fault Isolation Time,$T_{\text{FI}}$)

平均故障隔离时间是指从检测出故障到完成故障隔离所经历时间的平均

值。数学表达式为

$$T_{FI} = \frac{\sum_{i=1}^{N_D} t_{Ii}}{N_D}$$ (4-11)

式中　$t_{Ii}$——隔离第 $i$ 个检测出故障所需的时间；

　　　$N_D$——被检测出的故障数。

**8. BIT 可靠性**

BIT 可靠性为在规定的条件下，BIT 电路在给定的时间区间内完成预计功能的能力。BIT 电路是指用于 BIT 测试的硬件。BIT 可靠性通常用 $T_{BF}$ 表示：

$$T_{BF} = \frac{1}{\lambda_B} = \frac{1}{\sum_{i=1}^{m} \lambda_i}$$ (4-12)

式中　$\lambda_i$——BIT 硬件第 $i$ 个元器件的故障率；

　　　$\lambda_B$——BIT 硬件的总故障率；

　　　$m$——BIT 硬件包括的元器件数。

在 BIT 设计中，它一般要求 BIT 可靠性比被测单元的可靠性至少高一个数量级。为满足此要求，可采用下述两种方法：

1) 组成 BIT 硬件的元器件的故障率比被测单元的故障率低一个数量级；

2) 规定用于 BIT 硬件的元器件数不多于被测单元元器件数的 10%。

# |4.2　故障诊断与测试分析|

## 4.2.1　故障诊断要素

机内嵌入式测试和外部测试是对系统、设备或 UUT 进行故障检测与故障隔离的通用方法。不论哪一种诊断方式，也不管是对哪一级产品进行测试，都需要一定的硬件、软件和（或）设备。另外还需要支持统一的信息模型，对于传统的三级维修体制，故障测试与诊断的具体要素如图 4-2 所示。对于不同功能的无人机系统或设备，要在满足故障检测与隔离要求的条件下以最简化原则，按需要裁剪相关要素构成自己的诊断策略。

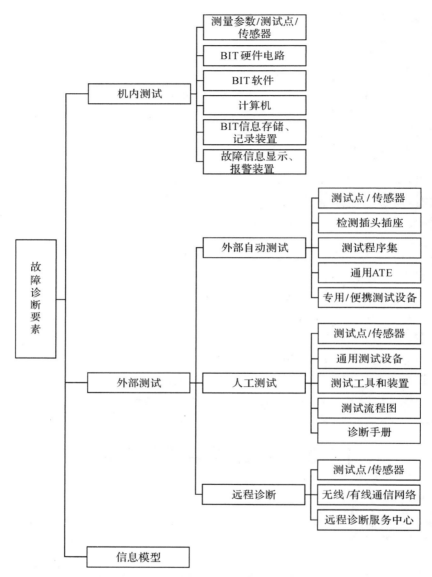

图 4 - 2　故障诊断要素

## 1. 机内测试

　　机内测试可以用硬件和(或)软件实现对系统和设备的故障诊断。BIT 可能的测试功能包括状态监测、故障检测、故障隔离和故障预测等。BIT 主要监控关键任务功能,如飞行控制等航电系统。根据 BIT 的规模大小,实现 BIT 的途径可分为 BITE、BITS。BITE 是指完成 BIT 功能的装置(包括 BIT 系统专用的以及与系统功能公用的硬件和软件),BITE 按照其在系统中的位置差异,可分为系统级 BIT、分系统级 BIT、LRU 级 BIT、SRU 级 BIT、元器件级 BIT。BITS 是由多个 BITE 构成的测试系统。在无人机系统的 BIT 测试中,按照测试的位置和功能,通常按照 BIT1、BIT2、BIT3 等顺序号排列表示。

作为一种新型的 BIT 测试技术,故障预测与健康管理技术(PHM)扩展了数据采集、故障预测以及维修等后勤决策的范围,可以实现武器装备基于状态的维修(CBM)、自主式保障等新功能,受到美、英等军事强国的高度重视和推广应用。PHM 是利用系统传感器采集系统的各种数据信息,借助各种人工智能推理机(如专家系统、神经网络、数据融合、物理模型、模糊逻辑和遗传算法等)来诊断系统自身的健康状态,分析产品内部件的最佳更换时间或剩余寿命,在系统故障发生前对其故障进行预测;健康管理是指根据诊断/预测信息、可用的资源和运行要求,对维修和后勤活动进行智能的、有信息的、适当的决策。

## 2. 外部测试

外部测试是用外部测试仪器、工具和设备(通用的、专用的和 ATE 等)与系统和设备等被测对象连接起来进行检测和隔离故障的测试,包括外部自动测试、人工测试和远程测试。由于自动测试主要利用 ATE 在计算机控制下自动完成对 UUT 故障诊断、功能参数分析以及性能评价,因此实现 ATE 故障诊断的关键之一是测试程序集,包括在 ATE 上启动并对 UUT 进行测试所需要的测试程序、接口适配器、操作顺序和指令等软件、硬件和说明资料。

人工测试主要以维修人员为主进行,相对侧重定性分析和评估。人工测试受测试过程和测试人员的技术水平影响较大,对于机体结构等难以全面定量检测的部位,主要采用人工测试的方法。

远程测试是指利用无线通信和现代网络技术在系统一定距离之外通过测试设备进行的检测和隔离故障的测试。远程测试时要保证网络通信能力、故障诊断与隔离的时间要求、故障记录和保存能力等。

## 3. 信息模型

故障诊断时需要判断测试到的信息表达哪个系统或设备的哪种状态信息,如 BIT 代码代表的是什么(如故障的特性)和该 BIT 代码是由系统中哪个部件产生的,以及故障发生的时间或系统的状态等,这些信息称为诊断数据。而要想实现诊断得及时与准确,必须能使参与系统测试和诊断过程的所有设备或人员能采用统一的格式进行读取和共享。信息模型就是一种在系统测试和诊断领域

内使用的、对诊断数据进行规范化要求的严格、正规的信息规范。

## 4.2.2　测试流程

### 1. 状态监测流程

状态监测功能是实时监测产品中关键的性能或功能特性参数,并可随时显示。完善的监控 BIT 还需要记录存储大量数据,以分析判断性能是否下降和预测即将发生的故障。状态监测流程如图 4-3 所示,其中虚框内容可能在成品中实现,也可能在成品外的其他单元实现。

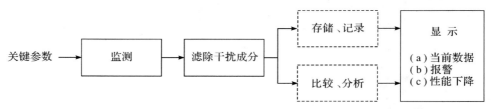

图 4-3　状态监测流程图

### 2. 故障检测流程

故障检测功能是检查产品功能是否正常,并对检测出的故障发出相应的指示或报警。故障检测有两种方式:被动式和主动式。成品运行过程中的故障检测应采用被动式(见图 4-4),在成品运行前后的故障检测可以采用主动式(见图 4-5),区别是后者需要加入测试激励信号,且虚警问题没有运行中严重,可以不考虑防虚警问题。

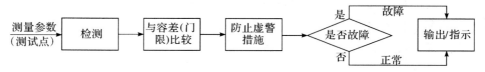

图 4-4　故障检测流程图(被动方式)

图 4-5　故障检测流程图(主动方式)

### 3. 故障隔离流程

在检测到故障后才启动故障隔离程序。用 BIT 进行故障隔离一般需要测量被测对象内部更多的参数,通过分析判断才能把故障隔离到存在故障的组成单元。故障隔离流程如图 4－6 所示。

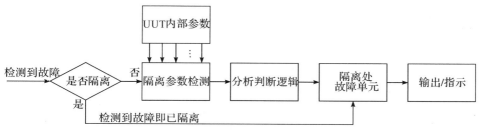

图 4－6　故障隔离流程图

### 4. 故障预测流程

其主要针对多具有渐变特性的非电子类产品的故障,依据产品发生功能故障之前存在着可以识别的潜在故障表现来实现提前的故障预测。预测流程如图 4－7所示,其中虚框内容可能在成品中实现,也可能在成品外的其他单元实现。

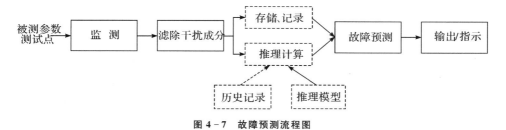

图 4－7　故障预测流程图

# |4.3　测试性模型|

从全系统保障的角度,测试性的实现也是贯穿产品系统全寿命流程的。本部分仅侧重保障使用的角度进行描述,但方法和内容可以推演到测试性设计过程中。测试性模型包括图示模型和数学模型。测试性模型通常与产品的复杂程度有关,测试性模型可以用手工,也可以通过计算机程序来实现。

## 4.3.1 测试性图示模型

测试性图示模型包括简单的功能流程图、层次框图、多信号流图以及包含测试点或者 BIT 功能部分的仿真原理图。测试性分析的图示模型有以下几种：

**1.基于从属关系的逻辑模型**

逻辑模型（Logic Model）由美国学者 Ralph De Paul Jr 提出，曾经在相当长一段时间内用于系统的测试性分析。逻辑模型由一些表示测试性信息的抽象节点和弧线的逻辑图表示，主要包括功能流框图（Function Flow Graph）和相关性图表（Dependency Chart）。功能流框图用有向图来描述系统的功能信息传播路径，包括以下要素：①功能模块集。它指某具体测试分析层级的所有组件或元件集合。②测试点集。它指该层级的所有测试位置集合。③有向边集。集合中的元素表示由一个顶点指向另一个顶点的有向边。功能流框图逻辑模型中的相关性图表把具体的各条信息流抽象出来，可根据实际情况对某些信息流作具体的局部修改和调整。

逻辑模型表示了功能模块和测试之间的关系，只将故障模式和测试作为可更换单元的一个属性，并未对故障模式及其测试方法进行细分，而是以故障和测试的相关性知识为基础，通过有向图的形式描述功能模块与测试之间的相关性和因果关系，进而进行诊断推理和测试性分析。该模型也被称为相关性模型（Dependency Model）、推理模型（Causal Model）等。为了进行测试性分析，可更换单元和它的各种属性都应赋予一定的数据，如可以赋予可更换单元平均无故障时间，赋予故障模式出现的概率，赋予测试需要的时间和费用。另外，如果需要自动化测试设备，逻辑模型可以用来确定哪些测试需要自动化，哪些需要手工或半手工测试。由于同样结构的逻辑也可以用于维护设备的开发，因此系统设计和维护设备开发可以同时进行，改变维护设备滞后产品的状况。

上述这种逻辑模型的结构简单，容易实现，适合于产品的概念设计阶段。但这种基于功能的逻辑模型不能直接对故障模式进行处理，不能方便地将 FME-CA 功能集成到模型中，因此不适宜用于系统的可靠性设计分析。

**2.基于故障模式的系统模型**

测试的目的是为了进行系统故障检测和隔离。因此，建立基于故障模式的系统模型用于测试性分析从 20 世纪 90 年代初期开始逐渐兴起。信息流模型（Information Flow Model）由美国航空无线电公司（Aeronautics Radio Inc,

ARINC)提出,主要包括以下要素:①功能模块集,指具体测试分析层级的所有组件或元件集合;②故障模式集,指该层级中每个模块中包含的故障模式集以及模块的所有故障模式集合;③测试点集,指该层级的测试位置集合;④测试集,该层级中每个测试点包含的一组测试集以及所有测试项目集合;⑤可测试输入集,指该层级所有可测试的输入信号集合;⑥有向边集,集合中的元素表示由一个顶点指向另一个顶点的有向边;⑦每个故障模式的属性集,包括故障名称、发生频率、严酷度等属性;⑧每个测试的属性集,包括测试的名称、手段、时间、成本等属性。基于故障模式的从属模型注重点在故障模式上,能体现故障与测试之间的相关性,它需要较少的数据输入,且可以用于可靠性工程设计分析。但由于缺少系统的功能信息,不太适用于概念设计及更高层次的诊断策略分析。同时,用这种基于故障模式的系统模型进行测试性设计时,测试开发人员没有考虑预先定义的故障模式之外的故障检测,故障检测和隔离的覆盖率受到一定的影响。

鉴于基于功能和故障模式的从属模型都存在一定的缺陷,又出现了一种所谓的混合诊断模型。这种混合模型既具有功能模型建模简单的优点,又包含了故障模式模型,将功能模块、故障模式、测试在一个有向图中表示。在概念设计阶段,混合模型主要作为功能模型使用,随着设计的进展,故障模式以低级模型的形式建立。由于混合模型同时支持故障模式和功能,因此它也支持中间过程的分析。

### 3. 基于仿真的测试性分析(故障分辨率、虚警率)

在 MIL - STD - 2165 和 MIL - HDBK - 472 中都对诊断分辨率的计算进行了定义,但这种计算方法有一定的局限性。所得的预计结果用于实际的诊断时,会产生一定的偏差。因为,这种计算是静态的,没有考虑部件失效的时序。第二,对诊断的预计是在任意的时间间隔内进行的,对失效概率的假定是一段时间的平均结果。而实际部件的失效则是时间相关的。第三,这种计算没有考虑不同的故障组合,而不同的组合可能对系统功能有不同的影响。而仿真具有时间约束性,利用仿真得出的测试性分析结果可以表示诊断行为随时间的变化。

计算机仿真可以把大量的故障引入到硬件的软件模型中,观测其响应激励的情况,得出故障检测率和故障隔离率,以此评价测试、激励。理论上可以对所有的故障模式进行分析,但故障模式数量太多将导致仿真时间爆炸,工程上难以实现。同时,随着设计和制造工艺的不断完善、元器件质量的不断提高,某些故障模式发生的概率极低,因此必须结合具体电路利用故障模式影响及危害性分析(FMECA)来确定发生故障的概率,构成该系统的故障模式集。采用 Monte Carlo 算法选择不同的故障注入序列。

无人机后勤保障

## 4.3.2　测试性数学模型

测试性数学模型是描述产品参数和产品特性关系的数学关系式。宜实现测试性模型与维修性模型、费用模型、战备完好性模型及其他保障性分析模型的关联与协调,建立测试性数学模型,应考虑下列因素:

1)影响产品测试性的设计特征,如故障检测与隔离方式、故障率、故障相互影响、重量、布局、安装方式等;

2)与测试性模型相应的维修级别及保障条件;

3)与测试性模型有关的维修项目(如规定的可更换单元)清单;

4)相似产品的数据积累和维修工作经验;

5)模型的输入和输出应与产品其他分析模型的输入输出要求一致。

# |4.4　无人机系统功能测试|

无人机系统功能测试主要由机载设备和地面测试设备对一个或多个测量环节进行被测物理量的测试,可以将被测物理量转换成机械量或电量输出,也可以用模拟或数字形式显示。

## 4.4.1　航电系统

### 1. 测试设备要求

航电系统包括飞行控制与管理系统、机载供电系统、导航与制导系统,性能检查主要通过一定的性能测试指标或测试软件判断产品是否失效,航电系统的测试主要是对电子系统的自动检测,设备主要为电子系统自动检测设备(ATE)。设备的功能要求主要包括:

1)主要用于检测有故障的内外场可更换单元;

2)应根据被检测系统的功能特点,按检测标准计算机、光学组件、视频组件及惯性组件等进行分类,一般应设计成功能综合化自动检测设备,以避免各系统或分系统研制功能相互重复的检测设备;

3)应采用标准的计算机及测试语言;

4)应具有自动检测的能力;

5)应与分系统的机上自检测设备(BIT)相容;

6)系统、设备的地面故障诊断与状态监控装置应配套齐全,检测方便,能自动地把故障隔离到相应维修级别的可更换组件。地面检测系统的接口连接要能快速拆装;

7)对自动检测设备的设计、制造、试验及鉴定参照GJB151的要求进行;

8)自动检测设备的测量与激励设备及模块应采用统一标准的测试总线模块及设备;

9)对自行设计的专用ATE设备及模块,应采用统一标准的测试总线接口。

## 2. 测试内容

对于性能可测试的电子等产品,其测试指标即可作为评判航电系统对应产品功能是否异常或失效的表征指标。航电系统通常采用的性能检测方式和测试指标见表4-1。

表4-1 无人机航电系统性能检测常用指标

| 子系统名称 | 单元名称 | 检测项目 | 检测指标 | 指标单位 |
|---|---|---|---|---|
| 控制与管理系统 | 机载计算机 | 电源适应性 | 电压 | 伏特(V) |
| | | 功耗 | 功率 | 瓦特(W) |
| | | 左盘旋 | 控制变量 | |
| | | 右盘旋 | 控制变量 | |
| | | 直飞 | 控制变量 | |
| | | 爬升 | 控制变量 | |
| | | 下滑 | 控制变量 | |
| | | 平飞 | 控制变量 | |
| | | 停车 | 控制变量 | |
| | | 回收 | 控制变量 | |
| | | 抛伞 | 控制变量 | |
| | | 模/数(A/D)转换 | 给定输入时输出角度 | 度(°) |
| | | 数/模(D/A)转换 | 给定输入时输出角度 | 度(°) |
| | 稳压电源 | 稳压电源电压 | 输出电压 | 伏特(V) |
| | | 稳压电源电流 | 输出电流 | 安培(A) |
| | 气压高度表 | 无人机高度 | 高度 | 米(m) |
| | | 无人机速度 | 速度 | 千米/小时(km/h) |

| 子系统名称 | 单元名称 | 检测项目 | 检测指标 | 指标单位 |
|---|---|---|---|---|
| | | 启动电流 | 电流 | 安培（A） |
| | | 工作电流 | 电流 | 安培（A） |
| | | 限位特性 | | |
| | | 制动电流 | 电流 | 安培（A） |
| | | 调零范围 | 调零度数 | 度（°） |
| | 风门调节器 | 放大倍数 | 倍数 | |
| | | 输出行程 | 行程度数 | 度（°） |
| | | 行程时间 | 所用时间 | 秒（s） |
| | | 输出扭矩 | 扭矩大小 | 牛顿·米（N·m） |
| | | 电源拉偏 | 电压 | 伏特（V） |
| | | 功耗 | 功率 | 瓦特（W） |
| 机载供电系统 | 电源组件 | 电源组件电压 | 输出电压 | 伏特（V） |
| | | 电源组件电流 | 电流 | 安培（A） |
| | | 电源组件频率 | 频率 | 赫兹（Hz） |
| | | 交流功率 | 功率 | 瓦特（W） |
| | | 直流功率 | 功率 | 瓦特（W） |
| 导航与制导系统 | | 定向 | 控制变量 | |
| | | 程控开 | 控制变量 | |
| | | 程控关 | 控制变量 | |
| | | 激光开关 | 控制变量 | |
| | | BIT1 检测 | | |
| | | BIT2 检测 | | |
| | | BIT3 检测 | | |

## 4.4.2 能源系统

### 1. 测试设备要求

能源系统主要指发动机与燃油系统。发动机与燃油系统的运行功能主要采用自动检测设备进行，检测设备要求同航电设备；对于燃油组件的密封性能以及火花塞是否积碳等外观性能可以采用外观性能检测的方法。

**2. 测试内容**

(1) 机内自动检测

通过系统内的自检测设备,发动机与燃油系统的自动检测内容见表 4－2。

表 4－2　无人机航电系统性能检测常用指标

| 单元名称 | 检测项目 | 检测指标 | 指标单位 |
|---|---|---|---|
| | 大马力 | 控制变量 | |
| | 中马力 | 控制变量 | |
| | 小马力 | 控制变量 | |
| | 油泵开关 | 程序控制 | |
| | 发动机磁阀开关 | 程序控制 | |
| | 电磁阀 1 开关 | 程序控制 | |
| | 电磁阀 2 开关 | 程序控制 | |
| | 电磁阀 3 开关 | 程序控制 | |
| | 发动机转速 | 输出转速 | 转/分钟(r/min) |
| | 缸温性能 | 温度 | 摄氏度(℃) |
| 管路 | 管路密封性 | | |
| 油泵 | 油泵静压力 | 压力 | 帕斯卡(Pa) |
| | 油泵耗电 | 电流 | 安培(A) |
| 电磁阀 | 电磁阀温升 | 温度 | 摄氏度(℃) |
| 调节器 | 调器压力(大流量) | 压力 | 帕斯卡(Pa) |
| | 调节器压力(小流量) | 压力 | 帕斯卡(Pa) |
| 油气分离器 | 有空气电压 | 电压 | 伏特(V) |
| | 无空气电压 | 电压 | 伏特(V) |
| | 机外供油 | 压力 | 帕斯卡(Pa) |
| | BIT1 检测 | | |
| | BIT2 检测 | | |
| | BIT3 检测 | | |

(2) 外观性能检测

　　火花塞在正常使用过程中,电极与绝缘体群部表面会有积碳产生,需要定期检测并清除积碳,避免长期积碳导致电极漏电甚至电极间不能跳火,降低火花塞的点火性能,最终表现为发动机不能正常启动。此外,为降低机体质量,某些无

人机采用软油箱,长期使用存在老化漏油问题,对于软油箱以及油路中各种油管,可以采用外观比对、目测等方法预测其老化程度,判估管路的密封性能。

### 3. 地面设备

对于发控子系统、地面站以及地面测试子系统(如测试台)等地面设备,涉及性能指标的测试,如发控电路继电器、射频自检模拟器、发射控制计算机、发射箱起动电机、地面指挥控制站任务计算机等主要通过系统内的自动测试设备进行;而对于设备的硬件机械故障,如发射架、助推火箭等按照设备的检测方式进行;对于因环境导致的老化、腐蚀等寿命影响的测试,如发射车、发射车电缆、发射车与测试设备的电源连接线等主要借助于剩余寿命评估理论结合目视检测进行。

### 4. 其他附属器件

(1)销钉、螺钉、开关等

航电设备、发动机以及机体结构中,螺丝松动、脱落,螺帽脱落,销钉断裂等等经常发生。大量的故障报告与销钉、螺钉、开关等易损件的功能失效有关。在装备的保障期间,开关的老化失灵也时有发生。这些易损件需要在日常维护以及定检中进行手动检测,一旦发现滑丝、松动、脱落等现象,应及时更换新件。

(2)有寿件

在工程经验中对橡胶件等易老化产品通常称为有寿件,如重要的紧固件、弹性垫圈、燃油管、橡胶机油管、电缆扣以及油封等,需要结合使用频次制定测试周期,并按周期进行目视检测或性能对比。对龟裂、老化等不能满足使用要求的按照规定进行定期更换。

(3)电池

不论是地面用电池还是机载电池,老化的速度比较快,随着服役时间的增加,电池的蓄电能力迅速下降、放电速度会加快。需要结合使用频次制定测试周期,并按周期进行电池性能检测。

# 4.5　无人机结构性能测试

## 4.5.1　无人机结构损伤特点

早期无人机的机体结构材料有铝合金(蒙皮、肋),钛合金和钢材(梁、肋等承力结构),但金属材料存在比强度、比刚度普遍较低,并且隐身性能非常差等缺点。随着时代和科技的发展,新型复合材料弥补了金属材料的缺点,它被广泛地应用于机翼/机身的蒙皮结构(聚氨基甲酸酯泡沫芯和芳纶环氧树脂、聚乙烯泡沫芯和胶合板、Nomax 蜂窝芯和芳纶、玻璃纤维蜂窝芯和石墨复合蒙皮等)和梁/肋承力结构(石墨与环氧树脂、玻璃纤维加强合成树脂)。在一些机型上,无人机机体复合材料的使用量可达 90% 以上。

无人机在服役过程中,由于使用过载、操纵失误或维护不当等原因,常常会造成结构损伤,如蒙皮和梁/肋结构产生裂纹、碰撞变形、腐蚀老化或中弹烧伤等。这些损伤降低了结构的强度/刚度,影响机体的气动性能。由于现代无人机的机体结构大量采用复合材料,结构的损伤形式以复合材料的损伤为主。

无人机机体结构损伤可根据初始形式来判断其损伤类型:一类是目视可视的大面积损伤,这类损伤是由离散源引起的;另一类是目视不可视的小面积损伤和内部结构损伤,这类损伤是由环境损伤、意外损伤或机体疲劳引起的。由上所述,机体结构损伤可分为以下几类:

**1. 离散源损伤**

离散源损伤,如外来飞行物(鸟撞、中弹等)冲击、内部机体部件(发动机叶片、机体结构零件)飞出和起降过程撞地等引起的结构损伤,损伤程度较大,是目视可视的明显损伤。针对此类损伤,无人机机体结构测试方面没有专门的检查大纲,但是如果在服役过程中检测到此类损伤,需要分析机体受损结构在剩余飞行次数中的预期外载下的剩余强度,并给出机体修复评估建议,以保证机体在剩余飞行次数中的安全可靠。

**2. 环境损伤**

环境损伤是指因有害环境造成的机体结构损伤和环境损伤。对金属材料而言,腐蚀和应力腐蚀是其两种主要损伤形式;对复合材料等非金属材料而言,老化是其主要损伤形式。

腐蚀老化与时间和机体结构服役有关,例如由于表面防护破坏或老化的损伤很可能随日历时间的增加而加剧,也可能与时间和(或)使用无关,如油液渗漏造成的腐蚀是一随机发生的离散事件。应力腐蚀是由于材料在热处理成形、焊接、机加和安装装配过程中出现的持续拉应力和腐蚀介质共同作用下产生的,取决于材料对腐蚀介质的敏感性和承受残余拉应力的水平。

### 3. 意外损伤

意外损伤可分为两大类：第一类为大范围大尺寸损伤，如因大鸟撞击、发动机解体或地面设备碰撞所引起的损伤，这类损伤属明显可检损伤；第二大类为小范围的小尺寸损伤，如因碎石、冰雹等碰撞所引起的损伤，因油液泄漏造成的机体损伤，以及在制造、操作或维修中人为失误造成的损伤，这类损伤因发生损伤位置不易检测或损伤尺寸较小，属于不可检损伤。按离散源损伤来评估，第二类损伤是无人机服役过程中更为普遍的形式。环境损伤中的大部分损伤以及意外损伤中占多数的第二类损伤都是随机事件，它们可在无人机使用期内任何时刻在任何部位发生。对这类损伤，在无人机服役过程中，制定定期检测及维护大纲，结合相应的检测手段及设备，对无人机机体进行定期检测是保证无人机服役安全的主要方法。

### 4. 疲劳损伤

疲劳损伤是由于循环载荷作用下引起的裂纹起始及其扩展所造成的，它是一个连续累积过程，与无人机的服役历程(以飞行小时或起落次数来计量)有关。

现有的数值仿真计算可完成广泛的疲劳寿命、裂纹扩展和剩余强度的分析评估。借鉴和应用现有相关型号无人机的服役经验，对无人机机体进行改进和完善细节设计，可大大提高机体的耐久性水平。此外，通过壁板/盒段试验以及全尺寸机体疲劳试验，也可以发现并判断耐久性明显低于设计预期值的结构件，继而通过及时改进设计和工艺来解决这些问题。然而，在一个预期设计的具有高可靠性长经济寿命的机体中，在达到目标寿命之前，某些结构件发现裂纹也是预料之中。

### 5. 多处损伤

由于现代无人机形式多样，与有人机相比，由于不需要考虑乘员的安全及舒适度，机体设计更为开放和激进。新设计方法和新型材料广泛应用于无人机的设计和制造，需要在机体服役过程中更多关注多处损伤造成的机体结构失效。

无人机机体结构可能出现的多处损伤如下：

1)多条小裂纹可能合并成一条危险的主裂纹；

2)在沿主裂纹(或意外损伤)扩展路径上由于非常小的多部位损伤存在而导致机体剩余强度下降；

3)单个部件的失效导致机体传力路径改变，引起机体部件承载重新分布，使得邻近区域部件失效或部分失效；

4)多路传载的部件可能同时破坏或部分破坏。

多处损伤所形成的开裂模式是复杂多变的。在有些情况下,一个重要结构部件可能存在隐蔽不可见的部位而有几种严重的开裂模式。因此,要对重要结构部件的各种开裂模式进行评估,以确定最严重的开裂模式,并选择恰当的检测方法、方向和频率,从而确定最合适的检查大纲,结合相应的检测手段和设备,对机体结构进行定期多损伤检测。

## 4.5.2　无人机结构损伤检测方法

无人机结构损伤检测是对损伤无人机进行损伤程度的检查和鉴定。其目的是为制定修理方案和实施修理提供依据。无人机结构的损伤,有些用肉眼观察,并辅以简单检查工具,便可发现;有些损伤则必须用专门仪器进行检测。下面介绍无人机结构一般损伤检测方法。

**1. 结构紧固件的检测**

无人机大型结构件之间通常采用铆钉或螺栓连接在一起。这些紧固件长期在交变载荷、腐蚀环境及振动环境影响下,可能产生锈蚀、断裂、松动等。通常可采用目视检测法。

**2. 含裂纹结构的检测**

无人机结构件的裂纹多发生在承载大、撞击剧烈、易震动和易受高温/腐蚀环境影响的部位。结构部件在产生裂纹后,其强度/刚度随之降低,并且裂纹会迅速扩大。因此,在日常维护保养工作中应加强检测,及早发现,及早处理。

无人机结构件的裂纹,按其形成和扩展的原因,可分为疲劳裂纹、应力腐蚀裂纹和腐蚀疲劳裂纹三类。此外,还有振动或意外撞击引起的裂纹。按照裂纹形态特征分类,裂纹可分为宏观裂纹和微观裂纹两大类。

裂纹检测有两种方法:一种是用放大镜进行目视检查。这种方法的优点是简单方便,随时随地可以检查,而且不受被检测材料性质的限制。另一种检测方法是使用专门的探伤设备进行无损检测。它包括射线检测、涡流检测和工业CT 检测、超声检测等。

**3. 蒙皮结构的检测**

无人机蒙皮结构主要承受气动外载,同时与梁、隔框、桁条等组成的盒段一起承受结构的弯扭等载荷。在这些载荷作用下,如果结构应力超过设计极限,蒙

皮就会发生屈曲变形,使蒙皮伸张,形成鼓起或下陷。这种蒙皮如果在交变载荷或冲击载荷作用下,容易时而鼓起,时而下陷。

蒙皮损伤检测有两种方法:一是采用按压法,用一个大拇指或手掌心按压蒙皮,若蒙皮产生下陷或产生下陷后周围其他部分鼓起,松开手后,蒙皮立即自动弹回(或弹不回来)并伴有响声,则说明该处蒙皮产生了损伤;二是采用超声检测法,用超声设备在受测蒙皮上扫描,观察波形或 C 扫描图,这种方法检测精度较高,可以直接观察到蒙皮受损大小,尤其适于检测复合材料蒙皮的分层。

### 4. 着陆撞伤的检测

无人机在着陆过程中,由于机件发生故障或操作错误等原因,可能会遭到撞伤。

无人机在泥地强迫着陆时,机身下部直接撞击地面,并擦地滑行使机身下部擦坏,同时,因机身接地不稳,还可能擦伤机翼翼尖。当无人机撞伤情况不严重时,通常主要是机身下部和机翼翼尖的蒙皮擦坏,隔框、翼肋、桁条等构件产生局部的变形和破裂;当无人机撞伤严重时,不仅会出现上述损伤,而且可能使无人机下部大梁弯曲、裂纹,许多下部框板严重损坏。

对于强迫着陆无人机的检查,应以机身下部为重点。检查时,应检查机身结构是否变形,机身下部大梁和主要加强框的损伤情况;然后,进一步检查机翼翼尖以及其他构件的损伤情况。检查方法如下:

1)机身结构是否变形,可通过无人机水平测量的方法判断。

2)大梁是否有裂纹,通常用放大镜检查即可发现,对复合材料梁,可用超声扫描探伤。

3)大梁是否弯曲,可以从与大梁连接的蒙皮和铆钉进行判断。如果蒙皮产生屈曲变形,铆钉松动较多,表面大梁已弯曲变形。

4)各加强框下部的变形情况,框板上接头位置是否改变,加强型材是否损坏等,可用无人机水平测量及目视观察等方法检查。

无人机冲出跑道后,通常会造成前起落架和机身前部的损伤。由于跑道外的土质松软,前起落架受到的阻力急剧增加,轻则使前起落架的机身框板变形,重则使前起落架构件产生裂纹或折断。机身前部的损伤主要是下部蒙皮和构件的破坏、变形和裂纹等损伤。

无人机着陆不良,引起尾部擦地,通常只伤及机身尾部下面的蒙皮和构件,擦地严重时,还可能使后机身产生向上的弯曲变形。机身尾部下面的蒙皮、隔框等构件的损伤情况,通过目视观察便可判断。

**5. 烧伤的检测**

无人机结构的烧伤通常是由于接头漏油或油料导管爆破遇到高温而引起的。在烧伤过程中,由于各部位所受到的温度不同,烧伤的程度也不一样。检查的目的就是要划分未烧伤、轻微烧伤和严重烧伤的区域与范围。根据其烧伤程度,分别采用不同的修理方法。

检查无人机结构的烧伤情况时,首要任务是确定轻微烧伤区与严重烧伤区以及未烧伤区的分界线。由于严重烧伤区存在着起泡、变形、裂纹或烧熔等特征,因此,严重烧伤区与轻微烧伤区的分界线容易判断,而轻微烧伤区与未烧伤的分界线往往需要通过以下方法进行确定。

1) 色泽比较法。试验结果表明罩光漆层的颜色,在温度升高时将发生变化。因此利用罩光漆层的颜色变化,可以迅速划分出轻微烧伤区与未烧伤区的大致界线。

2) 硬度测定法。色泽比较法虽然能迅速划出轻微烧伤区与未烧伤区的大致界线,但是,罩光漆层的颜色变化是逐渐过渡的,再加上其他因素的影响,往往难以准确判断。因此,还必须通过测定硬度的方法确定。测量硬度时,可选用便携式硬度计或锤击式布氏硬度计进行测量。

# 4.5.3　无人机结构无损检测技术的发展

随着航空制造技术的不断发展,复合材料以其高的比强度、比刚度及良好的抗疲劳性和耐腐蚀性获得广泛的应用。复合材料构件在使用过程中往往会由于应力或环境因素而产生损伤,以至破坏。复合材料损伤的产生、扩展与金属结构的损伤扩展规律有比较大的差异,往往在损伤扩展到一定的尺度以后,会迅速扩展而导致结构失效。必须通过无损检测来鉴别产品的内部质量状况,以确保产品质量,满足设计和使用要求。

**1. 复合材料结构损伤的特点**

无人机结构中常用的复合材料结构主要有纤维增强树脂层板结构和夹芯结构。

纤维增强树脂层板结构按照材料的不同又分为碳纤维增强树脂结构(CFRP)和玻璃纤维增强树脂结构(GFRP)。纤维增强树脂层板结构在成型过程中往往会由于工艺原因而产生缺陷,人为操作的随机性会产生夹杂、铺层错误等缺陷;固化程控不好会产生孔隙率超标、分层、脱胶等缺陷;在制孔过程和装配

中会形成孔边的分层缺陷;使用中由于受载荷、振动、湿热酸碱等环境因素的综合作用会导致初始缺陷(如分层、脱胶)的扩展和分层、脱胶、断裂等新的损伤和破坏的发生。

夹芯结构主要是蜂窝夹芯结构、泡沫夹芯结构和少量的玻璃微珠夹芯结构。夹芯结构在成型过程中也会由于工艺原因而产生某些缺陷;人为操作误差等会产生蜂窝芯的变形、节点脱开、蜂窝芯过低导致的弱黏接等缺陷,固化程控不好会导致局部的贫胶或富胶、弱黏接、发泡胶空洞等缺陷;使用中会导致初始缺陷(如弱脱胶)的扩展和脱胶、进水、蜂窝芯压塌等新的损伤和破坏的发生。泡沫夹芯结构会产生脱胶、芯子开裂等类型的缺陷。

### 2. 复合材料结构无损检测方法

在役无人机的无损检测是确保飞行安全的必要手段,对复合材料部件尤为重要。在役无人机复合材料部件的检测与生产制造中的检测有较大的差别,其特点如下:

1)原位检测,即检测对象不动,检测围绕检测对象来进行,检测设备都是移动式或者便携式检测设备;

2)检测对象都是部件,多为中空结构,只能从外部进行单侧检测;

3)外场检测,空中作业多,检测工作实施不便。

在复合材料结构的生产过程中,为了确定其技术指标是否达到设计要求,在生产的各个环节中,都会通过不同的无损检测手段来检验产品质量。其中有些方法也被移植应用于外场的检测,这些方法包括目视法、敲击法、声阻法、声谐振法、超声检测技术、射线检测技术等。

(1)目视检查法

目视检查法是使用最广泛、最直接的无损检测方法。其主要借助放大镜和内窥镜观测结构表面和内部可达区域的表面,观察明显的结构变形、变色、断裂、螺钉松动等结构异常。它可以检查表面划伤、裂纹、起泡、起皱、凹痕等缺陷;尤其对透光的玻璃钢产品,可用透射光检查内部的某些缺陷和定位,如夹杂、气泡、搭接的部位和宽度、蜂窝芯的位置和状态、镶嵌件的位置等。

(2)敲击检测法

敲击检测是胶接结构的最快捷和有效的检测方法之一,被广泛地应用于蜂窝夹芯结构、板板胶接结构的外场检测,检测速度快,准确性高。敲击检测分为硬币敲击(Coin Tapping);专用工具敲击,如空中客车公司推荐的敲击工具PN98A57103013;自动敲击检测工具,如日本三井公司生产的电子敲击检测仪WP‐632。

（3）声阻法

声阻仪是专为复合材料板－板胶接结构件与蜂窝结构件的整体性检测发展起来的便携式检测仪器。声阻法就是利用声阻仪,通过蜂窝胶接结构黏接良好区域与黏接缺陷区的表面机械阻抗有明显差异这一特点来实现检测的,主要用于检测铝制单蒙皮和蒙皮加垫板的蜂窝胶接结构的板芯分离缺陷检测。它能检测结构件的脱黏缺陷,不能检测机械贴紧缺陷。声阻法被国内的西飞公司生产中黏接质量检测和美国波音公司飞机蜂窝部件的外场检测广泛采用。此方法操作简单,效果良好,能满足设计和使用要求。

（4）声谐振法

声谐振法是利用胶接检测仪,通过声波传播特性的测试来实现对胶接结构的无损检测。其适用于检测曲率半径在500mm以上的金属蜂窝胶接结构,能检测单侧蒙皮和带垫板的金属蜂窝结构的脱黏缺陷。该方法被国内外的多家制造企业和航空公司作为外场检测的手段和规范。

（5）超声检测法

超声检测法是无损检测最主要的手段之一,主要包括脉冲反射法、穿透法、反射板法等,它们各有特点,可根据材料结构的不同选用合适的检测方法。超声检测技术,特别是超声C扫描,由于显示直观、检测速度快,已成为飞行器零件等大型复合材料构件普遍采用的检测技术。由于大型超声C扫描系统需要喷水耦合,且多数为超声穿透法检测,只能在大的检测实验室进行。而使用中的无人机复合材料部件多为中空结构,超声穿透法对其无能为力。因而外场的复合材料超声检测多数为传统的人工超声波A扫描检测。人工超声波A扫描检测可以逐点覆盖检测结构件的所有检测面,设备简单,实施方便;缺点是检测可靠性低,主要取决于检测者的技术水平和敬业精神。

（6）射线检测法

对于复合材料结构而言,射线检测仍然是最直接、最有效的无损检测技术之一,特别适合于检测纤维增强层板结构中的孔隙和夹杂等体积型缺陷和夹芯结构中的芯子变形、开裂、发泡胶发泡不足以及镶嵌物位置异常等缺陷的检测。射线检测对垂直于材料表面的裂纹也具有较高的检测灵敏度和可靠性,但对复合材料结构中的分层缺陷不敏感。该方法被国内外的军方和多家航空公司作为外场检测的手段和规范。

**3. 结构外场无损检测新技术、新方法**

（1）外场在位检测的便携式超声C扫描系统

Pocket UT是世界最大的无损检测公司之一——美国物理声学公司（PAC）

最新推出的世界上首款基于 PDA 的手持式超声 A/B/C/TOFD 扫描检测系统。它集现代数字超声技术、超声图像处理技术及 PDA 技术于一身。该设备带有测厚功能及大容量波形记录的数字超声波探伤仪，适用于腐蚀测厚及材料内部探伤的 C—扫描功能。图 4-8(a)所示为该设备照片，图 4-8(b)为内部探伤 C 扫描图。

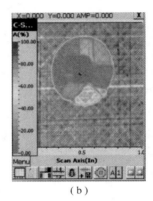

（a）                                            （b）

图 4-8　Pocket UT 便携手持超声 C 扫描设备

IUCS—Ⅱ型便携式智能超声 C 扫描仪（见图 4-9）由中国飞机强度研究所研制，是国内研制的唯一可用于外场飞机复合材料结构检测的设备，主要应用于碳纤维和玻璃纤维的层板、加筋板结构及蜂窝结构的在位检测。该设备基于超声脉冲反射法，外加定位系统、专用数据采集和处理软件笔记本电脑等部分组成。超声探头具有很高的检测分辨率，可定位损伤所处的层；可用于平面、曲面及装配后结构件的检测。针对不同的材料和结构形式，可按需要进行回波距离方式和回波幅度方式成像，检测结果实时按照与实际尺寸 1∶1 的显示比例显示输出。系统紧凑小巧，能精确定位损伤的水平面位置、大小及埋深，适用于在复杂环境下工作。可检测复合材料加筋板结构的分层、脱胶、疏松、气孔及蜂窝夹层结构的贫胶、富胶、弱黏接等缺陷。

（2）X 射线非胶片成像技术

X 射线非胶片成像技术是近年来无损检测技术发展最快的专业之一，超小型、电池供电的 X 射线机、射线计算机照相（Computer Radiography，CR）成像技术、数字式辐射成像技术（Digital Radiation，DR）等逐渐由实验室走向实际应用。DR 成像系统是一种可以在外场应用的 X 射线实时成像系统，被美国军方应用于在役无人机的复合材料结构无损检测。而且系统组成简单轻巧，灵敏度高，曝光时间短，检测效率高，适合外场作业。

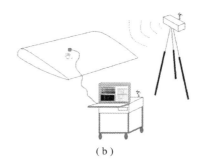

（a）　　　　　　　　　　　　　　　（b）

**图 4 - 9　IUCS - Ⅱ型便携式智能超声 C 扫描系统**

（a）设备外观；（b）设备工作示意图

（3）红外热成像技术

红外热成像是利用热像仪以热图的方式非接触地测定被检工件表面的温度分布及等温线轮廓的技术。可于检测层板结构中存在的分层、冲击损伤、脱黏和夹芯结构中的板芯脱黏、进水等缺陷。由于其非接触、成片快速检测、可应用于外场和原位检测等优点，近年来受到广泛关注。根据热激励方式的不同，分为脉冲加热法、调制加热法和超声波激励加热法。其中，美国红外热波检测（TWI）公司的脉冲闪光红外热成像检测系统已经被美国军方等应用于在役飞机的检测，主要检测蜂窝结构的进水、脱黏和层板结构的冲击损伤和分层类损伤。红外热成像检测技术也被空中客车公司作为其 A300 系列飞机的检测方法之一。检测的损伤类型有层板的分层、脱胶和夹杂，夹芯结构的脱胶和液体渗入，金属胶接件的脱胶和腐蚀等。

# 参考文献

[1]《飞机设计手册》总编委会. 飞机设计手册. 第 20 册——可靠性、维修性设计[M]. 北京：航空工业出版社，1999.

[2]温熙森，胡政，易晓山，等. 可测试性技术的现状与未来[J]. 测控技术，2000，19(1)：9 - 12.

[3]曲东才. 国外军用测试技术现状及发展趋势[J]. 国外电子测量技术，1999(4)：4 - 5.

[4]韩庆田，卢洪义，杨兴根. 军用装备测试性技术发展趋势分析[J]. 仪器仪表学报，2006，27(s1)：352 - 354.

[5]徐永成，温熙森，易晓山，等. 机内测试技术发展趋势分析[J]. 测控技术，2001，20(8)：1 - 4.

[6]石君友. 测试性设计分析与验证[M]. 北京：国防工业出版社，2011.

[7]康锐. 可靠性维修性保障性工程基础[M]. 北京：国防工业出版社，2012.

[8]张宝珍.测试性设计及国外相关标准综述[J].中国可靠性网,2008-09-10.

[9]张勇,邱静,刘冠军.测试性模型对比及展望[J].测试技术学报,2011,25(6):504-514.

[10]杨智勇,王子玲,许爱强,等.测试性框图模型比较研究与改进[J].计算机测量与控制, 2015,23(7):2504-2507.

[11]陈先有,曹金华,黄俊波.航空用复合材料结构件无损检测技术分析[J].国防技术基础, 2007(8):11-14.

[12]宁宁,袁慎芳,沈真,等.在役航空复合材料结构的无损检测技术[J].航空制造技术, 2008(15):50-52.

[13]郭兴旺,章翡飞,刘颖韬.复合材料蜂窝板积水的脉冲热像检测的研究[J].航空学报, 2012,33(6):1134-1146.

[14]杨小林,代永朝,李艳红,等.红外热波技术在飞机复合材料损伤检测中的应用[J].无损检测,2007,29(4):200-202.

第 5 章

# 影响无人机后勤保障的设计因素

综合后勤保障的其中两项基本活动:在设计中综合考虑保障问题和确定最佳的保障要求与可靠性、维修性紧密联系。目前,包括美国在内,无人机系统的设计仍然主要采用传统方法,即功能主系统设计基本完成后再进行后勤保障系统设计,设计中往往还忽略可靠性和维修性相关技术。这种串行的设计思想,使后勤保障系统的定义和功能实现只能局限在主系统的功能范围内,未调整主系统的相关设计参数就无法提高后勤保障系统的有效性和效率,因此,即使发现后勤保障的不足,想要改善和提高几乎没有可能。而若将后勤保障提升到无人机系统的设计阶段,其任何更改将变得非常容易而且还能节省大量经费与时间。针对可靠性与费用的矛盾日渐突出的问题,美国自 2011 年在无人机领域明确提出了运用综合后勤保障的设计思路。这也可以清晰地看出,后勤保障要素必须与系统可靠性、测试性和维修性等设计参数同步设计,才可避免兼容匹配性差以及后续列装后任何保障补偿都无法保持设计预期水平的情况。本章重点讨论与后勤保障密切相关的环境适应性设计、可靠性设计、可维修性设计以及可测试性设计。

# |5.1　环境适应性设计|

## 5.1.1　环境适应性概述

由于地域以及气候特征等自然环境的差异,可能会造成同类产品的寿命与性能按照不同的规律退化,尤其对于长期战储的无人机来讲,环境成为影响无人机系统各项性能的主要因素。环境适应性指装备(产品)在其寿命期预计可能遇到的各种环境作用下能实现其所有预定功能和(或)性能不被破坏的能力,是装备(产品)的重要质量特性之一。环境适应性是一个复杂的战技指标,在目前的装备立项论证中还只能将这一指标系统化和原则化,在设计定型时才可进行笼统的适应性验证。要具备环境适应性能力,就要对产品进行耐环境设计。耐环境设计就是在设计时考虑整个寿命周期内产品可能遇到的各种环境影响,如对装配、运输时的冲击、振动,储存时的温度、湿度、盐雾、霉菌等采取必要的保护措施,减少或消除环境对产品性能的有害影响。对于无人机系统来说,由于其包含了机械、电子和复合材料等不同材料和结构组成的设备、分系统和系统,而无人机系统的寿命既是多个系统寿命的综合反映,在某些情况下又可能由某单个系统、设备或元器件的寿命来决定。其环境适应性要求可以分为对材料及其涂镀层、结构件、连接件的环境适应性要求和功能件(整机、系统、分系统和设备)的环境适应性要求两种类型。无人机的环境适应性主要取决于两方面的因素:材料、构件、元器件的耐环境能力;采用的耐环境设计措施。因此,针对不同要求,其环境适应性考核指标也有所不同。环境适应性要求具有以下特点:唯一性、综合性和半定量性。

## 5.1.2  设计原则与要求

对于不同用途的无人机,其全寿命周期所面临的典型环境也会有所不同。路基无人机主要有温度、湿度、风力、辐照、海拔高度等陆地典型环境。海基无人机的寿命环境更加特殊和严苛,以舰载无人机为例,与陆地不同的海上自然环境使载机的航母时刻飘浮在海面上,其气象水文条件是大风、台风、海雾波浪和潮汐等,舰载机在起飞和着舰及停放在甲板或机库中均应能具备抗航母在风浪中运动的能力。而且在舰上列装期间,舰和机均面临大气腐蚀、盐雾和湿热、高温辐照等复杂环境。如图 5-1 所示为典型的环境因素。

环境适应性主要是靠设计纳入产品的,因此一旦确定了装备环境的适应性要求,应围绕这些要求对装备进行结构和系统设计,并选择适当的材料、元器件和工艺。不同的环境对装备产生不同的影响和破坏机理,应当采取不同的防护和耐环境设计措施。环境适应性设计应包括选择耐环境能力高的材料、元器件、构件、外购设备或装置,进行提高装备对预定环境抵抗能力的结构设计,或采取措施控制或减缓所处环境的严酷度等级。在环境适应性设计过程中,主要应开展以下几方面的设计:

1)热设计。它主要包括自然散热、风冷散热、液冷散热以及相变、蒸发、热管、热电、微通道、射流等新型热控技术、热仿真分析以及热测试与评估等。

2)抗冲振设计。它主要包括结构刚度、强度、减振与加固设计技术、动力学仿真分析、测试与评估等。

3)电磁兼容设计。它主要包括电磁兼容结构设计、防护与加固技术、电磁兼容仿真分析、测试与评估等。

4)自然环境防护设计。它主要包括三防设计、抗太阳辐射、盐雾、淋雨、低气压密封、防护设计以及高频防护设计技术、自然环境防护能力分析、测试与评估等。

5)新材料应用设计。它主要是新型结构、功能材料工程化应用中的环境适应性设计。

在实际进行环境适应性设计时要结合典型的无人机所面临的主要环境特点,从材料、元器件的选用和结构设计、工艺设计等各方面采取耐环境措施来达

到提高装备使用、储存和运输等环境适应性的目的。

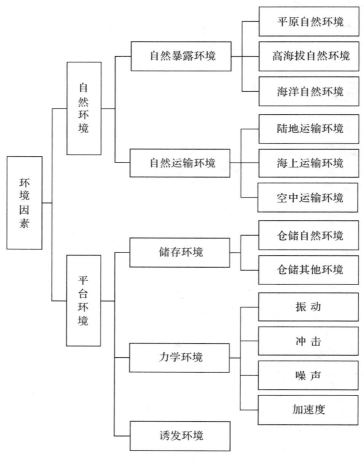

图 5 - 1　典型的环境因素

## 5.1.3　设计方法

影响航空装备的环境因素主要表现在以下三个方面:装备执行任务随机;工作环境描述模糊;环境参数的变化不确定。因此,环境适应性的设计过程是一个随服役环境因素与服役要求不断裁剪变化的过程。下面以舰载无人机为例简述其环境适应性的设计方法。

### 1. 系统总体

舰载无人机系统以舰船为基地,其环境特征兼具所处的海洋环境特征与所搭载舰船的运动特征。海洋环境特征主要包括海水盐雾腐蚀、海面风力、海浪运动、湿热和霉菌等,舰船运动特征主要有横摇、纵摇和升沉等。舰上起降平台有限,舰船机库空间一般也较小。在环境适应性设计时要结合典型的海洋环境特点,从材料、元器件的选用和结构设计、工艺设计等各方面采取耐环境措施来达到提高装备使用、储存和运输等环境适应性的目的。如结构总体的耐盐雾腐蚀设计、防湿热和霉菌设计等;总体设计时还要考虑海面风力对舰载无人机飞行性能及起飞和回收的影响,风浪、自由浪(涌浪)和击岸浪等海风对舰载无人机的飞行性能及起飞和回收的影响等。而且,要求飞机系统、舰上控制站、维修保障设备等外形尺寸要小,相应机载设备要小型化。整个系统必须考虑"三防"设计。系统设备须考虑振动与固定防滑设计。

### 2. 温度要求

温度环境适应性要求包括高、低温贮存环境适应性要求,快速温度变化环境和温度冲击环境适应性要求,以及高度(低气压)、湿热等综合环境的适应性要求。其中,高、低温贮存和温度冲击环境适应性要求与无人机部署地区的自然环境有关;诱发温度环境(包括高、低温工作环境和温度-高度环境)的环境适应性要求与自然环境基础温度的严酷程度以及无人机飞行产生的气动加热、发动机工作发热、相邻设备发热、机舱内设备布置密度、离开发动机和蒙皮的距离以及环控系统冷却和其他方式冷却的强度有关。因此需要对飞机飞行状态和性能进行充分了解的基础上,结合各状态下的环境温度、压力等信息,利用以往相似型号的实测数据和理论计算、仿真等各种手段,通过详细分析计算来开展温度环境适应性设计。

### 3. 结构密封性要求

对于舰载无人机来说,由于本身特性所决定,不可能整体密封,应进行模块化设计,将各结构化单元单独作密封处理后进行组装。设计中,无人飞机结构可采用玻璃钢复合材料、碳纤维复合材料等。在满足空气动力学及必要的承重载荷需求前提下,零部件在改变形状和尺寸时应有足够的圆弧过渡,棱角和边缘设计成圆角,以避免应力腐蚀和提高镀涂的工艺性,同时满足安全性要求。

### 4.动力装置防腐蚀要求

在长期的舰载环境下,发动机壳体、转轴都会不同程度地受到腐蚀。因此发动机零部件尽量采用耐腐蚀性好的材料,如铸铝、不锈钢、非金属等;发动机外表面采用喷涂和喷塑等工艺手段。点火系统可采用全密封固化设计,对发动机内部运动部件和无法采取表面防护的零部件可在回收后用淡水冲洗。若不能采用耐腐蚀的材料,又无法进行表面防腐的零件,应在使用中采取防腐手段。

### 5.航电系统

1)飞行环境。在飞行所处环境及所有工作模式下,机载设备要满足电磁兼容性的设计与测试要求,不应因电磁干扰引起设备失效而影响无人机的飞行安全;机载电源要满足对新电源系统的余度、安全、不间断供电等要求。飞行冲击下,冲击时设备处于工作状态,冲击后设备工作正常,性能指标满足要求。

2)舰上环境。机载测控设备满足舰载条件下的各种振动环境要求,要求标准振动环境下设备能处于正常工作状态、性能指标满足要求,耐久环境振动下设备处于工作状态,可对性能指标不作要求,但振动结束后设备性能指标满足要求。

## 5.1.4　环境适应性验证与评价

### 1.自然环境试验

自然环境试验是将产品暴露在自然的环境条件下经受其作用,以评价产品在实际使用、运输和贮存等自然环境条件下的性能,并分析研究环境因素的影响程度及其作用机理。自然环境试验主要是自然暴露试验:是将样品长期暴露在天然环境中,它分为加负荷和不加负荷两种。IEC(国际电工委员会)Tc75环境条件分类委员会于1981年颁布了"环境参数分级标准"包括:①气候环境因素:温度、湿度、压力、日光辐射、沙尘、雪等;②生物及化学因素:盐雾、霉菌、二氧化硫、硫化氢;等。③机械环境因素:振动(含正弦、随机)、碰撞、跌落、摇摆、冲击等;④综合环境因素:温度与湿度,温度与压力、温度、湿度与振动等等。气候环境试验项目可分为如下几项:高温、低温、温度循环、温度冲击、低气压、湿热、日光辐射、沙尘、淋雨等,一般将盐雾和霉菌试验包括在其中。

环境试验在国际上已有80多年的历史,1919年美国开始进行人工模拟环境试验,1943年,美国陆海空军便制定了环境试验方法。当时的试验项目主要是高温、湿热、低气压、砂尘、盐雾、日光辐射等,其主要的目的是解决热带沙漠地区作战的战斗机、装甲车等的质量问题。1955 年,美国成立了环境工程学会。英国于 1949 年成立了环境工程学会。苏联在 20 世纪 50 年代就在国内各地建立了环境试验站,并在我国进行大量的暴露试验。民主德国于 1962 年成立了环境试验委员会,主要负责电信设备和元件方面的环境试验。IEC 于 40 年代开始研究环境试验方面的问题,随着电子电工产品环境试验问题的日益突出,于 1961 年成立了 Tc50"环境试验技术委员会",专门从事环境条件分类和分级的研究。装备的环境适应性试验是美军装备试验与评价的重要内容,美军标 MIL -STD -810E 中明确规定装备要进行环境适应性验证试验。90 年代,美国和苏联通过自然储存寿命试验和加速寿命试验,完全实现了储存 10 年后仍满足战备完好性和任务成功率的要求。长期以来,美军已经形成了一套完整的环境适应性试验体系,基本采取实验室试验与外场试验相结合的方式,美军装备首先要通过模拟环境试验,然后送往 3 个自然环境试验中心进行现场作业试验。

国际上还普遍采用在典型自然环境中建立自然环境试验站(场)的方法,通过材料和产品的自然环境试验,了解各类自然环境的严酷度与特性,掌握材料和产品在各类自然环境中的适应能力与变化规律,以及自然环境因素变化对材料和产品性能所带来的综合影响等。美军分别在典型自然环境地域设置了自然环境实验中心,如位于 Arizona 的陆军沙漠环境试验中心、位于 Alaska 的陆军寒冷地区试验中心和位于 Arizona 的陆军热带地区试验中心等,可供装备进行外场作用试验。美国的阿特拉斯和日本的铫子试验站已采用环境参数自动检测系统,对温度、湿度、光照等主要环境参数进行连续自动监测。对某些领域,如金属的大气腐蚀,还采用了标准板件法和腐蚀变量法来比较大气腐蚀性的大小。

美国对试验方法标准非常重视,形成了一整套技术文件,如《试验与鉴定》《美国陆军试验操作规程》《环境试验方法和工程导则》等,数量近千篇,涉及范围广,大到火箭、飞机,小到元器件、军需给养等,更新速度快。自 MIL - STD - 810D 提出剪裁原理以来,使环境试验技术产生了质的飞跃。剪裁原理现已广泛应用于各类试验和规范中,尤其在武器和军用设施的研制中用得最为广泛,有效地提高了材料和产品的环境适应性和可靠性。剪裁原理强调任何环境试验应依据试验目的,材料和产品寿命期所经历的实际环境和环境条件,对相关试验方法标准中规定的试验项目、试验条件、试验程序等方面进行适度剪裁,使这些标准具有较大灵活性,有效地避免发生欠试验或过试验,使试验结果可靠,更有助于提高产品或材料质量,降低研制费用。随着自然环境加速试验方法的研究和应用的广泛开展,从 20 世纪 70 年代后期不断制定了各种自然加速环境试验标准,如 ISO877、ASTMG24、ASTM G90、SAEJ2229 和 SAE J2230 等。

我国的环境试验始于20世纪50年代,最先在广州、上海、海南岛等地建立了天然暴露试验站,与东欧各国共同探索热带、亚热带、沿海地区气候条件对产品的影响。我国的环境试验从学习国外的标准,到逐步建立自己的环境试验体系,几十年来有了很大的发展。目前,国内的环境试验工作正大面积地开展,各省市都建立了电子产品检验所(站),各大公司各大厂、所也都拥有自己的可靠性环境试验室,并陆续淘汰了旧设备,引进和购置了一些新设备,随着宇航事业的迅速发展,国防工业部门开始对可靠性和环境试验给予高度重视,并投入了巨大的人力、物力、财力,对提高军用产品的质量起到重要作用。

### 2. 加速寿命环境试验

由于自然环境试验数据的积累周期较长、费用高,衍生了将样品放在人工模拟环境试验箱中进行的加速寿命环境试验。加速模拟环境试验设备是模拟各类环境气候,运输、搬运、振动等条件的试验设备。环境试验设备能按 IEC、MIL、ISO、GB、GJB 等各种标准或用户要求进行高温、低温、温度冲击(气态及液态)、浸渍、温度循环、低气压、高低温低气压、恒定湿热、交变湿热、高压蒸煮、沙尘、耐爆炸、盐雾腐蚀、气体腐蚀、霉菌、淋雨、太阳辐射、光老化等。

世界上气候环境试验设备的发展大致可分为三个阶段:①探索阶段(20世纪20—50年代):从无到有,特点为结构和电气控制都是较为简单的单因素设备;②发展阶段(50年代末—70年代中期):可以模拟从地面到高空的气候试验设备,这些设备在结构设计和电气控制方面基本实现了自动控制,并有了简单的安全保护措施;③飞跃发展阶段(70年代末至今):微处理机得到广泛应用,从设计到制造,从测试到数据处理全部可以自动化,并出现了许多大型和综合环境试验设备。国内研制和生产环境试验设备经历了从仿制、自行设计和更新设计三个阶段。多年来,国内从事环境试验设备研制和生产的厂、所发展到上百家,生产环境试验设备200多种。目前,不少厂家引进先进技术,按国际和国家标准,不断更新设计,朝着多功能综合参数、微机控制的方向发展。

实验室环境试验又有一定的局限性,不能完全满足武器装备研制、生产和使用的要求。而虚拟仿真试验技术具有成本低、时间短、适应范围广等特点,可以对装备多种设计方案甚至整机系统进行虚拟仿真试验分析,在一定的意义上,能更加及时、灵活地满足研制、生产和使用中对装备环境适应性的评价要求。早在20世纪60年代,美国就认识到仿真试验的作用。1965年6月美国空军顾问委员会的报告中指出:预测装备的战斗效能"必须要利用试验数据、使用分析程序才能做到。这种分析一般都要涉及模型、仿真或方法"。美国国防部成立了国防模拟仿真局,专门负责与武器研制、采购、使用有关的仿真技术研究和应用项目管理。1992 年,美国国防部国防研究和工程署发布的《美国国防部核心技术计划》将"环境影响"作为一个重要内容,并将"对自然(大气、海洋、地球和空间)和平台环境(如飞机、导弹、舰船等)两方面的影响进行研究、建模和仿真"列为2005 年的技术目标。

# |5.2  可靠性设计|

## 5.2.1  可靠性设计概述

飞机在使用过程中的终极寿命是损坏或报废,损坏的越多,保障系统能力所需要的资源数量就越大。可靠性是一项重要的质量指标,可靠性定义为产品在规定的条件下和规定的时间内,完成规定功能的能力。可靠性工程的主要研究工作为两个方面:一是在无人机设计与开发中进行可靠性设计,使系统尽量不出或少出故障;其二是分析预测使用过程中,将发生什么样的故障。这些研究结果被直接应用于综合后勤保障中制定相关的保障技术要求。要进行精确的描述和比较,可靠性需要数量化表达。可靠性的定量表示有其自己的特点,由于使用场合的不同,因而很难用一个特征量来完全代表。可靠性参数根据其特点分为两类:一类是基本可靠性参数,主要用来度量装备由于故障而对维修工作的要求频度或间隔;另一类是任务可靠性参数,主要用来度量装备在规定条件下规定时间内完成预定任务的概率。因此,基本可靠性参数是度量装备对保障需求的参数,即是保障性参数的一部分。

可靠性参数可分为以下四类:

(1)基本可靠性参数

基本可靠性是产品在规定的条件下,规定的时间内,无故障工作的能力。基本可靠性与产品所有寿命单位和所有关联故障有关,本质上反应的是对维修资源的要求。基本可靠性影响维护时间,因此基本可靠性参数主要有基本可靠度、平均寿命。

1)基本可靠度。基本可靠度指系统中所有可能失效均不发生的概率。基本可靠度是系统中所有产品可靠度的乘积。

2)平均寿命。平均寿命表明产品平均能工作多长时间。平均寿命对不可修复或不值得修复的产品和可修复的产品有不同的含义。对于不可修复的产品,其寿命是指产品发生失效前的工作时间或工作次数。因此,平均寿命是指寿命

的平均值,即产品在丧失规定功能前的平均工作时间,通常记作 MTTF(Mean Time To Failure)。对可修复的产品,寿命是指两次相邻故障间的工作时间,而不是指产品的报废时间。因此,对这类产品的平均寿命是指平均无故障工作时间,或称平均故障间隔时间,记作 MTBF(Mean Time Between Failures)。

此外,还有反映使用要求的平均维修间隔时间(MTBM)等。在外场验证时可用平均故障间隔飞行小时 $T_{\mathrm{FBF}}$ = 累积飞行小时数/同期内的责任故障总数来表示基本可靠性。

(2)任务可靠性参数

任务可靠性是产品在规定的任务剖面内完成规定功能的能力。任务可靠性反映任务成功概率,参数包括任务可靠度 $R(t)$、致命性故障间的任务时间(MTBCF)、任务成功概率 MCSP(PMC)、故障率(也称失效率)$\lambda(t)$ 等。

1)任务可靠度 $R(t)$。它是指产品在规定的任务剖面内完成规定任务的概率。

2)致命性故障间的任务时间(MTBCF)。它是指两次相邻致命性故障间的工作时间。

3)任务成功概率 MCSP(PMC)。它是指产品在规定的条件下成功完成规定功能的概率,通常适用于一次性使用产品。

4)故障率(也称失效率)$\lambda(t)$。它是指在规定的条件下和规定的时间内,产品的故障总数与寿命单位总数之比,对有些产品也称失效率。

(3)储存可靠性参数

储存可靠性指在规定的储存条件下和规定的储存时间内,产品保持规定功能的能力,也称为贮存可靠性,如储存可靠度、储存失效率等。

1)储存可靠度。它是储存可靠性的概率度量值,指产品在规定的储存条件下和规定的储存时间内,产品保持规定功能的概率。

2)储存失效率。它是指在规定的储存条件下和规定的储存时间内,产品的故障总数与储存寿命单位总数之比。

(4)耐久性参数

1)耐久性指产品在规定的的使用、储存与维修条件下,达到极限状态之前,完成规定功能的能力,一般用寿命度量,如使用寿命、储存寿命、总寿命等参数。耐久性与产品使用可靠性有关,使用可靠性是产品在实际的环境中使用时所呈现的可靠性,它反应产品设计、制造、使用、维修、环境等因素的综合影响。

2)使用寿命指产品使用到无论从技术上还是经济上考虑都不宜使用,而且必须大修或报废时的寿命单位数。对于结构类产品的使用寿命等同于极限状态。极限状态是指由于耗损(如疲劳、磨损、腐蚀、变质等)使产品从技术上或从经济上考虑,都不宜再继续使用而必须大修或报废的状态。

3)储存寿命是指产品在规定的储存条件下能够满足规定要求的储存期限。

4)总寿命是指在规定条件下,产品从开始使用到首次大修的寿命单位数,也称首次翻修期限。

GJB450A 附录 A 列出了可靠性设计参数示例见表 5 - 1。

表 5 - 1　可靠性设计参数示例

| 产品层次 | 装备使用特征 | | |
| --- | --- | --- | --- |
| | 连续或间歇工作<br>(可修复) | 连续或间歇工作<br>(不可修复) | 一次性使用 |
| 装备系统 | $R(t)$ 或 MTBF | $R(t)$ 或 MTTF | PMC(s) 或 $P(F)$ |
| 分系统、设备 | $R(t)$ 或 MTBF | $R(t)$ 或 $\lambda(t)$ | PMC(s) 或 $P(F)$ |
| 组件、零件 | $\lambda(t)$ | $\lambda(t)$ | $P(F)$ |

注:MTTF:平均故障前时间;PMC(s):成功概率;$P(F)$:故障概率,数值上等于 1 减可靠度

## 5.2.2　设计原则与要求

确定可靠性要求时应注意的事项包括:

1)确定可靠性要求时应全面考虑和权衡使用要求、费用、进度、技术水平等因素,使要求尽可能合理、可行;

2)确定可靠性定量要求时,应明确产品的寿命剖面和任务剖面;

3)应明确故障判别准则和可靠性指标的验证方法;

4)应明确可靠性指标何时或何阶段应达到;

5)应明确其他假设和约束条件;

6)可靠性要求论证工作的安排应纳入可靠性计划;

7)要求承制方参与或承担的论证工作应在合同中明确。

可靠性设计,通常需要考虑以下 13 种设计通用准则:①简化设计;②余度设计;③环境防护设计;④成熟设计技术;⑤标准化设计;⑥人素工程设计;⑦热设计;⑧元器件选择与控制;⑨测试性设计;⑩抗变异设计;⑪电磁兼容性设计;⑫防火防爆设计;⑬运输储存。

除此之外,还需要考虑:

1)总体布局时应尽量避免由于某一系统或设备的损坏、爆裂等导致其他系统的故障。

2)总体布局时应根据生存力设计要求对主、余度系统进行布置。

3)在设计过程中应采用故障模式影响及危害性分析(FMECA)、故障树分析(FTA)、热分析等可靠性分析方法,尽量减少或消除各种故障模式。对系统、设备、成品应通过 FMECA 来确定其故障模式及其影响,并根据危害度与要求确定是否采取有关措施降低危害度;对影响安全和任务完成的系统、设备、成品可进行故障树分析。

4)对影响安全的故障模式或其组合,设计时应严格控制并尽量消除这种故障模式或将其可能发生的概率减到最低程度,并采取相应的补偿措施,例如维修等。

5)设计过程中应考虑防止飞行中或在地面上发生机械卡住、擦伤、电气短路或其他意外事故。

6)航空电子系统及设备中所有具有乙醚链的有机材料都应进行水解稳定性试验,禁止使用天然皮革和镁合金,所用的全部材料应符合航空产品的质量要求。为最大限度地减轻质量,金属零件应尽可能使用铝合金制造。

7)电子设备机箱设计应满足 GJB441 中的规定。

8)电子设备的高电压、强辐射部位应有明显的标志或说明,关键部位应有安全联锁装置。

## 5.2.3　设计方法

可靠性设计必须与无人机性能设计同步开展。可靠性设计的总体思路与流程为:在了解用户需求的基础上,先将用户需求转换为使用可靠性要求,然后再转换为合同可靠性要求,最后检查可靠性指标要求的可行性,并最终达成合同要求。具体的设计过程如图 5-2 所示,相应的工作项目及方法见表 5-2。

## 5.2.4　可靠性试验与评价

可靠性试验是为了了解、评价、分析和提高产品(系统、组件、元器件)可靠性而进行的试验的总称。基于不同的目的,可靠性试验的分类不同,如以环境条件来划分,可分为包括各种应力条件下的模拟试验和现场试验;如以试验项目划分,可分为环境试验、寿命试验、加速试验和各种特殊试验;如按试验样本分为抽样试验、全数试验;如按试验性质划分,可分为破坏性试验和非破坏性试验两大类;如按试验场地划分,可分为可靠性内场试验和可靠性外场试验;如按试验目的划分,可分为可靠性工程试验(含环境应力筛选试验、可靠性增长试验)和可靠

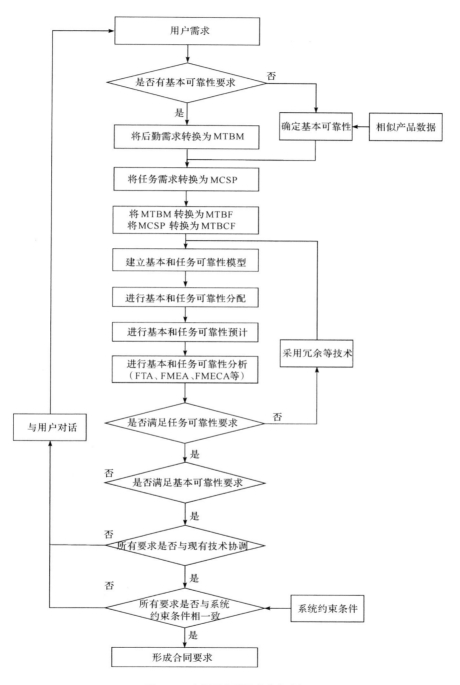

图 5－2　定量可靠性要求确定过程

性统计试验(含可靠性验证试验、可靠性测定试验)。可靠性测定试验是为测定可靠性特性或其量值而做的试验,通常用来提供可靠性数据。可靠性验证试验是用来验证设备的可靠性特征值是否符合其规定的可靠性要求的试验,一般将可靠性鉴定和验收试验统称为可靠性验证试验。统计试验中,按不同的统计试验方案分为概率比序贯试验、定时试验、定数试验等。GJB450A 列出的可靠性试验与评价的工作项目见表 5-3。

表 5-2　可靠性设计与分析工作项目及方法

| 序号 | 工作项目名称 | 目　的 | 方法 |
|---|---|---|---|
| 1 | 建立可靠性模型 | 用于定量分配、预计和评价产品的可靠性 | 1)定义产品;<br>2)确定产品可靠性框图(基本可靠性、任务可靠性);<br>3)确定可靠性数学模型(串联、并联、混联、表决、旁联、复杂网络等系统形式) |
| 2 | 可靠性分配 | 将产品的可靠性定量要求分配到规定的产品层次 | 1)等分配法;<br>2)评分分配法;<br>3)比例组合法;<br>4)重要度和复杂度分配法 |
| 3 | 可靠性预计 | 预计产品基本可靠性和任务可靠性,并评价所提出的设计方案是否满足规定的可靠性定量要求 | 1)相似产品法;<br>2)元器件计数法;<br>3)应力分析法 |
| 4 | 故障模式、影响及危害性分析(FMECA) | 通过系统地分析,确定元器件、零部件、设备、软件及设计和制造过程中所有可能的故障模式,以及每一故障模式的原因及影响,以便找出潜在的薄弱环节,并提出改进措施 | 1)硬件法:自下而上;<br>2)功能法:自上而下 |
| 5 | 故障树分析(FTA) | 运用演绎法逐级分析,寻找导致某种故障事件(顶事件)的各种可能原因,直到最基本的原因,并通过逻辑关系的分析确定潜在的硬件、软件的设计缺陷,以便采取改进措施 | 1)建造故障树;<br>2)对故障树进行规范化、简化和模块分解;<br>3)求最小割集,进行定性分析;<br>4)定量分析:计算顶事件发生概率、重要度 |
| 6 | 潜在通路分析(SCA) | 假定所有元件、器件均正常工作的情况下,分析确认能引起功能异常或抑制正常功能的潜在通路 | |

| 序号 | 工作项目名称 | 目　　的 | 方法 |
|---|---|---|---|
| 7 | 电路容差分析 | 分析电路的组成部分在规定的使用温度范围内其参数偏差和寄生参数对电路性能容差的影响,根据分析结果提出改进措施 | |
| 8 | 制定可靠性设计准则 | 制定贯彻可靠性设计准则,以指导设计人员进行产品的可靠性设计 | 1)采用成熟的技术和工艺;<br>2)简化设计;<br>3)合理选择、正确使用元器件、零部件和原材料;<br>4)降额设计;<br>5)容错、冗余和防差错设计;<br>6)电路容差设计;<br>7)防瞬态过应力设计;<br>8)环境防护设计:热设计、防潮湿设计、防盐雾和腐蚀设计、抗冲击/振动和噪声的设计、电子设备抗辐射/电磁兼容性设计等 |
| 9 | 元器件、零部件和原材料选择与控制 | 控制标准的和非标准的元器件、零部件及原材料的选择和使用 | |
| 10 | 确定可靠性关键产品 | 确定和控制其故障对安全性、战备完好性、任务成功性和保障要求有重大影响或费用昂贵的产品 | 重要度分析 |
| 11 | 确定功能测试、包装、贮存、装卸、运输、维修对产品可靠性的影响 | 分析确定功能测试、包装、贮存、装卸、运输、维修对产品可靠性的影响 | 环境试验与分析 |
| 12 | 有限元分析 | 在设计过程中对产品的机械强度和热特性等进行分析和评价,尽早发现承载结构和材料的薄弱环节及产品的过热部分,以便及时采取改进措施 | 根据产品结构和材料对负荷或环境响应的特点建立合理的模型,通过计算机软件,对分析对象的机械特性和环境特性进行计算、分析和评价 |
| 13 | 耐久性分析 | 发现可能过早发生耗损故障的零部件,确定故障的根本原因和可能采取的纠正措施 | 用寿命试验、威布尔分析法等,评价产品寿命周期的载荷与应力、产品结构、材料特性和失效机理,计算零部件或产品的寿命 |

表 5-3　可靠性试验与评价汇总表

| 序号 | 名称 | 适用产品 | 目的 | 参考标准 |
|---|---|---|---|---|
| 1 | 环境应力筛选 | 主要适用于电子产品，也适用于电气、机电、光电和电化学产品 | 为研制和生产的产品建立并实施环境应力筛选程序，以便发现和排除不良元器件、制造工艺和其他原因引入的缺陷造成的早期故障 | 电子产品：设备执行GJB1032,GJB/Z 34,电路板和组件执行GJB1032;机载电子设备 HB/Z213,HB6206;除纯机械产品以外的非电产品可参考GJB1032 |
| 2 | 可靠性研制试验 | 可靠性关键产品 | 通过对产品施加适当的环境应力、工作载荷，寻找产品中的设计缺陷，以改进设计，提高产品的固有可靠性水平 | 参考 GJB1407 等(同可靠性增长试验) |
| 3 | 可靠性增长试验 | 有定量可靠性要求，任务或安全关键的、新技术含量高，如电子产品 | 通过对产品施加模拟实际使用环境的综合环境应力，暴露产品中的潜在缺陷，并采取纠正措施，使产品的固有可靠性不断提高以达到规定要求 | 分析方法：GJB299 和GJB813; 故 障 分 析：GJB1391;GJB1407 |
| 4 | 可靠性鉴定试验 | 地面固定设备、地面移动设备、舰船用设备、喷气式飞机设备、涡轮螺旋桨飞机和直升机设备、空中发射武器和组合式外挂及其设备 | 验证产品的设计是否达到了规定的可靠性要求 | GJB899,飞机设计手册第 20 册 |
| 5 | 可靠性验收试验 |  | 验证批生产产品的可靠性是否保持规定的水平 | GJB899,飞机设计手册第 20 册 |
| 6 | 可靠性分析评价 | 样本量少的复杂产品(导弹、军用卫星、海军舰船等) | 通过综合利用与产品有关的各种信息，评价产品是否达到规定的可靠性要求 |  |
| 7 | 寿命试验 | 有使用寿命、贮存寿命要求的产品,加速寿命试验一般是零件或部件 | 验证产品在规定条件下的使用寿命、贮存寿命 |  |

　　系统或产品的可靠性需要在满足环境适应性要求的前提下才能实现。虽然环境适应性试验与可靠性试验在试验形式上有许多相同之处,但二者在试验目

的、试验所使用应力数量、环境应力值选用、试验类型、试验时间等五个方面还是存在明显差异,具体差异比较见表5-4。

表5-4 环境适应性试验与可靠性试验比较

| 序号 | 内容 | 环境适应性试验 | 可靠性试验 |
|---|---|---|---|
| 1 | 试验目的 | 考察产品对环境的适应性,确定产品的环境适应性设计是否符合合同要求 | 定量评估产品的可靠性水平值 |
| 2 | 环境应力数 | 按照温度、湿度、盐雾、振动、冲击、气压、太阳辐射、沙尘、淋雨等类型进行单个应力或逐个应力考察的试验 | 综合模拟试验,一般综合应力包括:温度+湿度+振动或者温度+湿度+振动+气压等 |
| 3 | 环境应力值 | 选取极值条件,一般用严酷代替温和,即采用产品在寿命周期内可能遇到的最极端环境条件作为试验条件,带有破坏性 | 实效试验,真实地模拟储存、运输、使用过程中遇到的主要环境条件及其动态变化过程。一般不破坏产品,只是模拟产品的工作状态,试验条件大部分模拟工作中较温和的应力环境 |
| 4 | 试验类型 | 单因素试验,多因素组合试验(环境因素顺序依次作用在产品上) | 综合应力试验,多个环境应力在同一空间、同一时间施加在产品上,更真实的模拟使用环境条件的影响 |
| 5 | 试验时间 | 基于选用的试验及具体的试验程序(依据标准),各阶段进行性能检测所需时间不同而产生差别,相较而言,试验时间较短 | 基于需验证的可靠性指标值和选用的统计试验方案以及产品本身的质量。其时间无法确定,以受试样品的总台时数达到规定值或可以做出接收、拒收判决为止 |

可靠性加速试验是一种在更短的试验时间内获得比正常条件下更多信息的方法。目前加速试验主要分为两类:一类是用来估计寿命的加速寿命试验(ALT),一类是用来确定(或证实)和纠正薄弱环节的加速应力试验(AST)。加速寿命试验是使用与可靠性(或者寿命)有关的模型,在超过正常使用应力的条件下度量可靠性/寿命。加速应力试验是使用加速环境应力,使潜在的缺陷迅速发生失效,以确定在使用中可能导致失效的设计或制造问题。加速试验的产品层次(级别)包括设备级和零部件级,有些加速方法只适用于零部件级的试验,有的方法只能用于较高的设备级,只有少数方法同时适用于零部件级和设备级。

# |5.3 可维修性设计|

## 5.3.1 维修性设计概述

装备的维修性设计是一种质量特性,始于论证阶段,贯穿于研制生产的全过程。维修性设计是指产品设计的目标是使设计的无人机在发生故障时,尽可能容易和经济地进行修理,包括容易定位故障、以最少的人力及保障资源快速修理、提供最低的修理费用等。维修性设计中应考虑的主要问题有可达性、零组部件的标准化和互换性等内容。维修度属于产品固有维修性的指标之一,维修度的高低直接影响产品的维修工时、维修费用,影响产品的利用率。因此,维修性参数也是综合后勤保障各要素决策或设计的重要依据。

维修性设计的主要方法有定性和定量两种。维修性的定性设计是最主要的,只要设计人员有维修性的意识和工程经验就能将维修性设计进产品。维修性定性设计主要有简化设计、可达性设计、标准化互换性与模块化设计、防差错及识别标志设计、维修安全设计、故障检测设计、维修中人素工程设计等。关于定性要求的详细规定,可参考《维修性设计技术手册》(GJB/Z91—97)。维修性定量设计主要通过对维修性参数的设计与选取,进行维修性计算、验证和评估,并能与其他质量特性进行权衡。维修性指标与可靠性指标的对偶关系见表 5 - 5。

表 5 - 5 维修性指标与可靠性指标的对偶关系

| 维修性 | 可靠性 |
| --- | --- |
| 维修度:$M(t)$<br>修复率:$\mu(t)$<br>平均修复时间:MTTR | 可靠度:$R(t)$<br>失效率:$\lambda(t)$<br>平均故障间隔时间:MTBF |

## 5.3.2 设计原则与要求

维修性设计的基本原则包括简化维修;减少维修工作量;减少维修停机时间;节约维修保障费用;降低对维修人员数量和技术水平的要求;避免维修差错的可能性。

1)确定维修性要求。应明确产品的寿命剖面、任务剖面以及考核验证方法,全面考虑和权衡使用要求(包括可靠性要求)、费用、进度、技术水平等因素,使要求尽可能合理、可行。

2)简化设计。因无人机系统中非标设备多,若每一型号的产品都进行单独设计,既不利于维修,又造成资源的重复建设及开支浪费。因此,首先要简化设计与维修,即优先选用标准件、采用可拆装的结构模块化设计、简化和合并功能等,提高标准化和互换性程度,提高集成度,简化维修的复杂性;

3)维修可达性。合理地设置各部位的位置,避免维修时交叉作业,拆卸要简单、方便,并要有适当的维修操作空间,包括工具的使用空间;检查点、测试点、检查窗、润滑点、添加口以及燃油、液压、气动等系统的维护点,设计出便于观察、检测、维护和修理的通道。

4)防差错性。采取容错技术或进行防差错设计,保证错装时连不上、装不上,如结构、电路总体设计时同步设计设备的故障检测电路和故障报警装置,插头、插座和检测点等对应连接关系明确标明,润滑保养的部位应设置永久性标记,或可能发生差错的装置应有操作顺序号码和方向的标记等。

5)维修安全性。对于存在安全隐患且维修时需要拆卸的装置,应设有安全可靠的拆卸设备、工具,保证拆装安全;在可能发生危险的部位上,应有醒目的标记、警告灯、声响警告等辅助预防手段;此外,凡与安装、操作、维修安全有关的地方,在技术文件资料中要特别注明。

6)测试准确、快速、简便。设计自检错电路和诊断程序,使用机内测试(BIT),提高系统或设备自身具有的检测和隔离故障的自动测试功能;检测点的布局尽可能集中或分区集中,检测基准不应设置在易损坏的部位,尽量采取原位检测方式。

7)人机工程要求。测试点、控制器、显示器、标记与代码、手册、检查表、辅助设备等的设计,要考虑操作、使用和维修人员的方便和舒适;设计时,应考虑维修操作中的噪声、照明、振动、工作负荷、难度及保护措施。

8)软件维护性设计。具有支持诊断功能的能力,能标识引起故障的是哪个具体操作;模块化设计,简化设计,软件容易更改;模块弱耦合,避免或尽量减少对其他部分的影响;内置测试功能(如模拟功能、备用的预检功能),测试的重启性好。

## 5.3.3 设计方法

维修性设计必须与无人机性能设计同步开展。维修性设计的总体思路与流程:在了解系统特点与寿命剖面的基础上,制定维修性要求,进行维修性建模、分配、预计以及全都的定性定量设计,最后试验验证维修性指标的合理性,直至完成

维修性设计。具体的设计过程如图5-3所示,相应的工作项目及方法见表5-6。

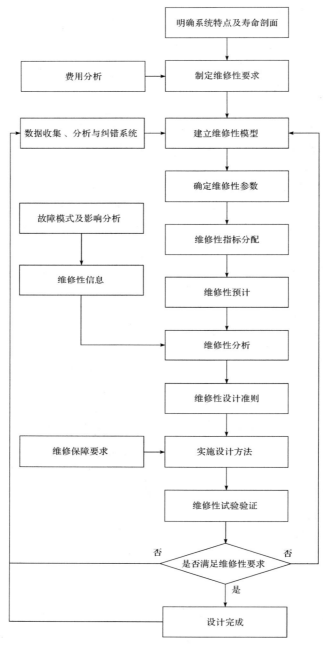

图5-3 维修性设计流程

表 5 – 6  维修性设计与分析工作项目及方法

| 序号 | 工作项目名称 | 目 的 | 方 法 |
|---|---|---|---|
| 1 | 建立维修性模型 | 用模型表达系统与各单元维修性的关系,维修性参数与各种设计参数及保障要素的关系,用于对系统和设备的维修性进行分配、预计与评定 | 计算机仿真模型;<br>实体模型:<br>1)确定维修性框图(三级维修职能流程图,系统功能维修层次框图);<br>2)建立维修性数学模型 |
| 2 | 维修性分配 | 将系统级(高层次)的维修性定量要求分配给各低层次的产品 | 1)等值分配法;<br>2)相似产品分配法;<br>3)按故障率分配法;<br>4)加权因子分配法(故障率加权、设计特性加权) |
| 3 | 维修性预计 | 估计系统分系统或设备的维修性,并确定所提出的设计方案在规定的保障条件下,能否达到规定的维修性定量要求 | 1)单元对比预计法:各种产品维修性参数值的早期预计;<br>2)时间累计预计法:各种电子设备的维修参数值预计,也可用于任何使用环境和包括机械装备在内的其他各种装备;<br>3)概率模拟预计法:机载电子、机电设备、系统外场级修复时间等参数;<br>4)功能层次预计法:海军舰船及海岸电子设备及系统;<br>5)抽样评分预计法:地面电子系统与设备的修复时间预计;<br>6)运行动能预计法:各种系统与设备研制阶段维修时间预计 |
| 4 | 故障模式及影响分析一维修性信息 | 确定可能的故障模式及其对产品工作的影响,以便确定需要的维修性设计特征,包括故障检测隔离分系统的设计特征 | |
| 5 | 维修性分析 | 分析从承制方的各种报告中得到的数据和从订购方得到的信息,为建立维修性设计准则和做出设计决策创造条件,向维修保障计划提供输入,并证实设计符合维修性要求 | 1)可达性分析;<br>2)互换性分析;<br>3)防差错分析;<br>4)人素工程分析;<br>5)安全性分析;<br>6)保养工作分析(只适于预防性维修);<br>7)口盖、标记、标准化和模件化设计分析等 |

续表

| 序号 | 工作项目名称 | 目　的 | 方　法 |
|---|---|---|---|
| 6 | 维修性设计准则 | 确定维修性设计准则,以便将维修性的定量和定性要求及使用和保障的束转化为具体的产品设计 | |
| 7 | 确定维修性关键产品 | 确定和控制维修对安全性,战备完好性、任务成功性和保障要求有重大影响或费用昂贵的产品 | |
| 8 | 为详细的维修保障计划和保障性分析准备输入 | 利用维修性工作项目的结果,为制定详细的维修保障计划和进行保障性分析准备输入,使维修性工作项目的有关输出与保障性分析的输入要求相协调 | |

此外,对于维修性参数选择和确定,通常依据以下因素:

1)装备的使用需求是选择和确定维修性参数的首要因素,如战时和平时、一次性使用或重复使用等;

2)装备的构造特点是选定维修性参数的主要因素,包括装备类型、复杂程度、可修复或不修复等;

3)现行的维修保障体制,维修职责分工,各级维修时间的限制是确定指标的重要因素;

4)选择维修参数时还必须同时考虑如何考核和验证,无法在内场考核和验证的参数只作为使用参数提出,不能作为合同参数,只有经过适当转换、能够考核、验证后才能作为合同参数;

5)确定指标应参考国内外现设同类装备的维修性水平,预期采用的技术可能使产品达到的维修性水平是确定指标的又一重要因素;

6)维修性指标的确定应与可靠性、寿命周期费用、研制进度等多种因素进行综合权衡;

7)装备中分系统或设备的指标也可单独提出,但必须与装备总体的指标相协调。

GJB1909.1—94 在总则中还提出了各阶段中参数选择和指标确定的工作内容。GJB1909.2—GJB1909.10 分别提出了各类装备可靠性维修参数选择表。

## 5.3.4  维修性验证与评价

与可靠性的验证试验一样,维修性试验与评定是产品研制、生产乃至使用阶段维修性工程的一项重要活动。其总的目的是考核已经由设计赋予系统和设备的维修性是否达到规定的定性和定量要求;发现和鉴别维修性设计缺陷,以便采取纠正措施,实现维修性增长。此外,维修性试验与评定的同时,还可对有关维修的各种保障要素(如维修计划、备件、工具、设备、资料等)进行评价。

系统和设备的维修性试验,根据试验的目的和要求可分为定性演示和定量试验。定性演示是按规定的维修性定性要求,进行维修性审核,对系统和设备的维修性设计特性作出判断;在受试产品(或样机)上演示维修的可达性、测试的方便性与快速性、零部件标准化及互换性、维修操作空间及维修的安全性等;分析维修操作程序的正确性;审查操作过程中维修资源的完备程度和适用性。定量试验是在模拟或实际的操作条件下,根据试验中维修作业的观测数据,验证系统和设备的维修性指标是否达到要求。

按照实验与评定的时机、目的和要求,通常将实验与评定分为核查、验证和评价。当进行系统级的维修性试验时,上述三个阶段均进行。系统级以下产品的维修性试验,可根据工程需要由订购方确定适当的试验阶段。应当根据《维修性试验与评定》(GJB2072)、美国军用标准《维修性的核查、验证和评价》(MIL-STD-471A)或采用经订购方批准的其他方法进行维修性验证。维修性验证试验可与产品的其他试验(如可靠性)结合进行。维修性验证试验应包含测试性评定和与维修有关的保障要素的定性评估。表 5-7 为 GJB2072 中部分维修性试验汇总表。

表 5 – 7   GJB2072 中部分维修性试验汇总表

| 方法 | 检验参数 | 分布假设 | 样本量 | 推荐样本量 | 作业选择 | 需要规定的参数 |
|---|---|---|---|---|---|---|
| 1 – A | 维修时间平均值 | 对数正态，方差已知 | 见试验方法的具体规定 | 不小于 30 | 自然或模拟故障 | $\mu_0,\mu_1,\alpha,\beta$ |
| 1 – B | | 分布未知方差已知 | | 不小于 30 | | |
| 2 | 规定维修度的最大修复时间 | 对数正态，方差未知 | | 不小于 30 | | $T_0,T_1,\alpha,\beta$ |
| 3 – A | 规定时间维修度 | 对数正态 | | | | $P_0,P_1,\alpha,\beta$ |
| 3 – B | | 分布未知 | | | | |
| 7 | 地面电子系统工时率 | 分布未知 | | 不小于 30 | | $\mu_R,\alpha$ |
| 9 | 维修时间平均值和最大修复时间 | 分布未知 | | 不小于 30 | | $\overline{M}_{ct},\overline{M}_{pt},\beta,\overline{M}_{plc},M_{max\,ct}$ |
| 10 | 最大维修时间和维修时间中值 | 分布未知 | | 不小于 50 | | $\overline{M}_{ct},\overline{M}_{pt}$ $\beta,M_{max\,ct},M_{max\,pt}$ |
| 11 | 预防性维修时间 | 分布未知 | 全部任务完成 | | | $\overline{M}_{pt},M_{max\,ct}$ |

# |5.4   测试性设计|

## 5.4.1   测试性设计概述

测试性同样是一种设计特性。以提高可测试性为目的进行的设计被称为可测试性设计（Design For Testability，DFT）。可测性设计要解决的问题是如何通过改善设计将难测或不可测故障转变为易测或可测的故障。测试性设计应完成以下测试内容:性能监测、故障检测、故障隔离、虚警抑制、故障预测。其中,故障预测是对现有测试性设计目标的扩展。测试性设计技术包括固有测试性、机内测试(BIT)、外部自动测试、人工测试以及综合诊断和健康管理等技术和方法。可测试性设计主要是一种集成电路设计技术,是在设计阶段将一些特殊结构植入电路,以便设计完成后进行测试。

测试性与可靠性、维修性、保障性都是构成武器装备质量特性的重要组成部分,是可靠性设计与维修保障设计间的重要纽带。良好的可测试性设计,可提高装备的战备完好性、任务成功性以及安全性水平。

## 5.4.2  设计原则与要求

对于可测试性的设计,重点在于如何方便检测以及如何快速准确地获取信息。测试性设计的原则为针对具体产品的性质与结构特点,制定便于进行测试的产品可测试性机制,获取被测对象的测试信息。可测试性机制可以提高系统的可测试性指标,但同时也会在一定程度上提高产品的成本。实际设计时,需要在性能和费用的综合权衡下进行可测试性机制的优化设计。

设计要求:能够方便、快捷地获取有关被测产品状态的信息,确定产品工作正常与否、性能是否良好、是否存在故障以及存在何种故障。定性要求包括:合理划分产品单元;合理设置测试点;合理选择测试方式、方法;兼容性。定量要求包括明确故障检测率、故障隔离率和虚警率等测试性参数,提供任务中诊断和外场维修诊断的定量要求、电分系统和非电系统的定量要求、目标值和门限值。BIT 的主要功能是检测和隔离被测单元的故障并提供其工作状态信息;BIT 设计、减少 BIT 虚警的设计、测试容差、传感器及指示器、测试可控性、测试观测性等的要求应满足相应设计手册的规定。

表 5 - 8  系统测试性要求内容示例

| 顺序号 | 测试性要求 |
| --- | --- |
| 1 | 对性能监测的要求 |
| 2 | 对故障模式的定义 |
| 3 | 使用全部测试资源时的故障检测率 |
| 4 | 使用 BIT 时的故障检测率 |
| 5 | 使用 BIT 仅监测运行信号时的故障检测率 |
| 6 | BIT 的最大故障检测时间 |

续表

| 顺序号 | 测试性要求 |
|---|---|
| 7 | 虚警定义,允许的 BIT 最大虚警率 |
| 8 | 使用 BIT 把故障隔离到可更换单元的要求 |
| 9 | 故障隔离时间 |
| 10 | 对 BIT 的硬件规模、质量、功率、存储器容量和测试时间的限制 |
| 11 | BIT 硬件的可靠性 |
| 12 | 对错误自动恢复的要求 |
| 13 | 对各硬件层次故障检测与各维修级别故障检测一致性的要求 |

表 5－8 为系统测试性要求内容示例。下面对表 5－8 中的部分要求项目进行说明:

1)明确监控对象和方法,定义任务系统与监控系统的接口。

2)提供测试性设计和评价的基础。

3)允许使用全部测试资源,并给出故障检测率应达到的具体数值要求。

4)指明使用 BIT 进行自动检测时应达到的故障检测率。

5)对严重故障快速检测的要求,应根据允许的最大故障检测时间选择故障检测方法。对于那些关键任务、影响安全的或故障发生后易引起系统关联失效的,要采用并行故障检测技术进行监测。

6)规定并行故障检测技术及其他各种自动检测技术的允许的最大故障检测时间。此项要求决定诊断软件周期运行的频度。一般来说,周期测试及请求测试的频度取决于被测功能、故障率、损耗因素、允许的最大故障检测时间及使用和维修方案。

7)规定最大的 BIT 虚警率。不能复现的故障实际上可能是间歇故障,也可能是 BIT 电路的问题。为了找出并纠正 BIT 的问题,有必要在系统规范中规定系统应配备的测试仪器,以便在使用试验与评价期间找出并改正真正的 BIT 问题(如 BIT 故障、不适当的测试容差等)。

8)根据维修方案,提出由 BIT 把故障隔离到可更换单元的要求。该要求通常表示为:"在规定的时间内,将 BIT 检测出的故障的 $X\%$ 隔离到一个可更换单元,或隔离到不大于 $N$ 个可更换单元上",通常采用经过故障率加权所得到的百分数。

9)故障隔离时间,由维修性要求的平均修复时间或最大修复时间导出,数值上等于修复时间减去准备时间、拆卸时间、更换时间、重装时间、调整时间和检测时间。

10)BIT 的约束条件,应与 1)～9)中规定的 BIT 性能相配,而不应随意确定。系统需要增加多少硬件来实现 BIT 应视具体情况而定。一般而言,BIT 硬件占系统硬件的 5%～20%。

11)BIT 的可靠性要求,应与所需的 BIT 性能要求协调,BIT 的故障率一般不应超过 UUT 故障率的 10%。BITE 该满足 BIT 的检测率、虚警率的要求。应保证 BITE 故障后不影响系统的关键功能,满足产品可靠性要求。

# 5.4.3  设计方法

测试性设计必须与无人机性能设计同步开展。测试性设计流程既包括了对无人系统自身的测试性设计要求,又包含测试设备的测试性设计要求。对全系统设计,要按照系统或分系统级,逐级划分为 LRU 和 SRU,每一级产品都要进行测试性设计分析,各级产品的测试性设计流程如图 5-4 所示。测试性设计与分析工作项目及方法见表 5-9。

表 5-9  测试性设计与分析工作项目及方法

| 序号 | 工作项目名称 | 目　的 | 方　法 |
|---|---|---|---|
| 1 | 建立测试性模型 | 用模型表达系统与各单元测试性的关系,测试性参数与各种设计参数及保障要素的关系,用于对系统和设备的测试性进行分配、预计与评定 | 计算机仿真模型;<br>实体模型:<br>1)确定测试性框图(系统级、分系统级、LRU 级、SRU 级功能测试层次框图);<br>2)建立测试性数学模型 |
| 2 | 测试性分配<br>(FDR、FIR、FAR 或 MTBFA 等指标分配) | 将系统级(高层次)的测试性定量要求分配给各低层次的产品 | 检测与隔离要求分配法:<br>1)等值分配法;<br>2)按故障率分配法;<br>3)考虑故障率和费用分配法;<br>4)综合加权分配法;<br>5)有老产品时分配法;<br>虚警定量要求分配法:<br>1)均匀分配法;<br>2)等比值分配法 |

无人机后勤保障

续表

| 序号 | 工作项目名称 | 目　的 | 方　法 |
|---|---|---|---|
| 3 | 测试性预计 | 估计系统、分系统或设备的测试性，并确定所提出的设计方案在规定的保障条件下，能否达到规定的测试性定量要求。主要包括BIT故障检测与隔离能力的预计、外部诊断的故障检测与隔离能力预计等。测试性预计一般应给出故障检测率FDR、故障隔离率FIR等 | 1）三级维修系统的测试性预计；<br>2）二级维修系统的测试性预计。<br>一般是按系统的组成，按由下往上、由局部到总体的顺序来进行 |
| 4 | 故障模式及影响分析-测试性信息 | 确定可能的故障模式及其对产品工作的影响，以便确定需要的测试性设计特征（如故障模式、测量参数/测试点、测试方法、故障是否隔离等），包括故障检测隔离分系统的设计特征 | |
| 5 | 测试性分析 | 分析从承制方的各种报告中得到的数据和从订购方得到的信息，为建立测试性设计准则和做出设计决策创造条件，向维修保障计划提供输入，并证实设计符合测试性要求 | 1）基于相关性模型的测试性分析<br>2）LFSR方法；<br>3）电平灵敏设计；<br>4）IDDQ技术；<br>5）边界扫描机制 |
| 6 | 测试性设计准则 | 确定测试性设计准则，以便将测试性的定量和定性要求及使用和保障约束转化为具体的产品设计 | 1）机内测试（BIT）设计：系统级BIT、分系统级BIT、LRU级BIT、SRU级BIT；<br>2）外部测试设计：ATE测试、人工测试、远程测试 |
| 7 | 确定测试性关键产品 | 确定和控制测试对安全性、战备完好性、任务成功性和保障要求有重大影响或费用昂贵的产品 | |
| 8 | 为详细的维修保障计划和保障性分析准备输入 | 利用测试性工作项目的结果，为制定详细的维修保障计划和进行保障性分析准备输入，使测试性工作项目的有关输出与保障性分析的输入要求相协调 | |

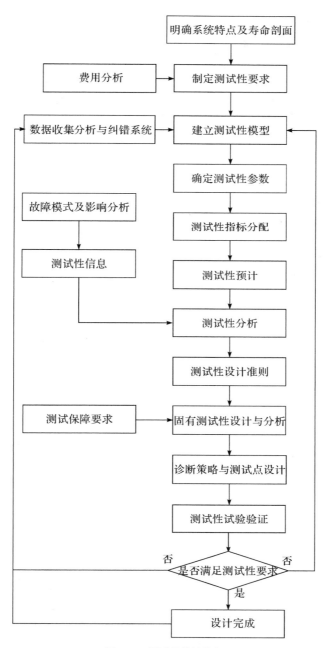

图 5 - 4　测试性设计流程

## 5.4.4　测试性验证与评价

　　测试性实验与评价的目的是确认测试性设计与分析的正确性、识别设计缺陷、实现测试性增长、检查研制的产品是否实现了测试性设计要求、鉴定或验证产品的测试性水平等。在产品的不同寿命阶段,测试性试验与评价的重点不同,在研制阶段主要进行测试性核查与验证试验,在使用阶段进行测试性使用评价。

　　系统和设备的测试性试验,根据试验的目的和要求可分为定性考核和定量考核。定性考核内容主要包括产品划分与性能监控要求、故障指示与存储要求、中央测试系统等的配置要求;BIT 工作模式设置、BIT 指示与脱机测试结果间的关系;测试点设置、原位检测要求;被测产品与所用外部测试设备的兼容性;故障字典、检测步骤、人工查找故障等技术文件的适用性和充分性;外部测试设备配置及自动化程度的符合性;利用所有测试资源的综合测试能力要求等。定量考核内容主要包括 BIT 检测和隔离故障的能力;测试设备及有关的测试程序集(TPS)的检测和隔离故障的能力;虚警率或平均虚警间隔时间要求的符合性;故障检测和故障隔离时间要求的符合性等。

　　测试性验证与评价的主要工作项目在《装备测试性工作通用要求》(GJB2547A)中进行了详细规定,具体包括测试性核查、测试性验证试验、测试性分析评价、使用期间测试性信息收集、使用期间测试性评价以及使用期间测试性改进六个项目。GJB2547A 中测试性试验与评价汇总表见表 5 - 10。

表 5 - 10　GJB2547A 中测试性试验与评价汇总表

| 序号 | 名　称 | 适用范围 | 目　的 | 方　法 |
|---|---|---|---|---|
| 1 | 测试性核查 | 贯穿于整个设计研制过程 | 实现产品测试性要求 | 对故障检测数据、隔离数据、虚警数据以及有关仿真与设计资料的分析与评价,发现设计缺陷并改进 |
| 2 | 测试性验证试验 | 产品设计定型过程 | 评定所研制的产品是否达到规定的测试性要求 | 注入/模拟足够数量的故障样本,通过演示进行检测和故障隔离的方法 |
| 3 | 测试性分析评价 | 对不宜试验测试或非关键产品 | 评定所研制的产品是否达到规定的测试性要求 | 综合分析评价法 |

续表

| 序号 | 名 称 | 适用范围 | 目 的 | 方 法 |
|---|---|---|---|---|
| 4 | 使用期间测试性信息收集 | 使用过程 | 收集使用期间的各项有关数据 | |
| 6 | 使用期间测试性评价 | 使用过程 | 评价产品在实际使用条件下达到的测试性水平,确定是否满足使用要求 | |
| 7 | 使用期间测试性改进 | 使用过程 | 提出改进测试性、完善使用以及维修工作的措施 | |

# |5.5 设计因素间的关系|

在前面的论述中看出,环境适应性、可靠性、测试性、维修性、保障性、安全性(也称作可靠性工程中的六性)对无人机系统战备完好性和任务成功性的影响及作用是相互关联、互为输入输出的。首先,环境适应性是前提,从材料、结构到系统,只有满足了耐实际环境因素的能力,才可以谈到系统的可靠性;而可靠性的设计又成为测试性设计的基础,系统的测试性水平是维修能力的综合保障的直接支撑。无论是可靠性、测试性还是维修、保障性,都是直接影响系统安全和完备的重要因素,各因素间的具体关系如图 5 - 5 所示。在实际设计过程中,理清各因素间的逻辑关系,对于合理规划设计,统筹工作安排,有效避免相互脱节和重复劳动,以最佳的周期、最优的费用,实现最大化的系统效能意义重大。

以测试性为纽带,《装备测试性工作通用要求》(GJB2547A—2012)给出测试性与其他相关特性的接口关系如下:

## 1.测试性与可靠性工作的主要接口关系

可靠性建模和 FMECA 为确定诊断方案和测试性要求提供输入,可靠性分配、可靠性预计和 FMECA 为测试性分配提供输入,可靠性预计的结果直接影响到测试性工作结果的可信性。FMECA 为测试性预计和诊断设计提供输入信息,它们之间应注意相互协调。同时,确定诊断方案和测试性要求(即确定故障检测率与隔离率)为修改可靠性建模提供反馈信息。

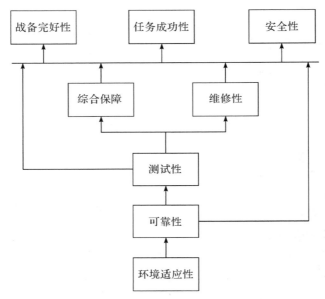

图 5 - 5　保障性相关设计特性与系统性能关系

**2. 测试性与维修性工作的主要接口关系**

确定维修性要求为确定测试性要求提供输入,维修性建模为确定诊断方案和测试性要求(即评价备选诊断方案)提供输入,确定诊断方案和测试性要求(即确定备选诊断方案)给维修性建模提供输入,确定诊断方案和测试性要求(即确定故障检测率与隔离率)为修改维修性建模提供反馈信息,分配测试性要求为维修性要求分配提供输入,测试性预计为维修性分析提供输入。

**3. 测试性与保障性工作的主要接口关系**

测试性工作应支持综合保障要求,包括保障设备和其他保障要素的要求。通过保障性分析得出的战备完好性指标(如使用可用度 $A_0$)为确定测试性要求提供依据,通过权衡分析得到的保障方案为确定诊断方案和测试性要求提供输入,使用与维修工作分析和早期现场分析分别为测试性分配和预计提供输入。

**4. 测试性与安全性工作的主要接口关系**

安全性工作中的初步危险分析(PHA,即制定初步危险表)为确定诊断需求提供输入信息,进行初步危险分析为确定诊断方案和测试性要求提供输入信息;

同时,确定诊新方案和测试性要求为确定安全性要求提供反馈信息。

测试性与可靠性、维作性、保障性和安全性作之间的主要关系简化示意图如图 5-6 所示。

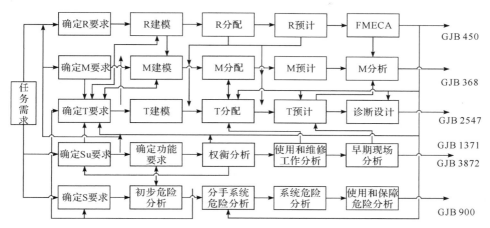

**图 5-6 可靠性、维修性、测试性、保障性与安全性主要工作之间接口关系简化示意图[15]**

注 1:FMECA—故障模式、影响及危害性分析;R—可靠性;M—维修性;T—测试性;Su—保障性;S—安全性;

2.确定 T 要求指的是确定诊断方案和测试性要求,包括确定诊断需求,确定备选诊断方案,评价备选诊断方案和提出故障检测与故障隔离要求等工作内容;

3.初步危险分析包括制定初步危险表和进行初步危险分析等工作内容。

# 参考文献

[1]Valavanis KP, Vachtsevanos GJ. Handbook of Unmanned Aerial Vehicles[M]. Springer Netherlands,2015.

[2]国务院/中央军委.武器装备质量管理条例[M].中国法制出版社,2010.

[3]祝耀昌,陈光章,张伦武,等.武器装备环境工程[J].装备环境工程,2006,3(3):3-8.

[4]刘泽坤,吕继淮.舰载无人机系统的环境适应性[C]//人-机-环境系统工程创立 20 周年纪念大会暨全国人-机-环境系统工程学术会议,2001.

[5]李尧.飞机温度环境适应性要求分析和确定技术探讨[J].装备环境工程,2008,5(6):60-64.

[6]李星,王晓慧.舰载机三防设计技术研究综述[J].装备环境工程,2006,3(4):12-15.

[7]房鸿瑞,李国民.机载测控设备的环境适应性设计[C]// 航天测控技术研讨会,2006.

[8]《飞机设计手册》总编委会.飞机设计手册.第 20 册——可靠性、维修性设计[M].北京:航空工业出版社,1999.

[9]《飞机设计手册》总编委会. 飞机设计手册. 第 21 册——产品综合保障[M]. 北京:航空工业出版社,2000.

[10]栗琳,王绪智. 美军装备保障新理论新技术发展趋势[J]. 中国表面工程,2007,20(1):6-10.

[11]石君友. 测试性设计分析与验证[M]. 北京:国防工业出版社,2011.

[12]温熙森,胡政,易晓山,等. 可测试性技术的现状与未来[J]. 测控技术,2000,19(1):9-12.

# 第 6 章

# 后勤保障管理技术

自20世纪80年代以来,全系统全寿命管理已经成为一种装备保障思想和理念,这种思想不仅反映在装备保障的纲领性文件中,同时也在理论、体制、法规等多方面表现出来。后勤保障的管理,就是通过一系列的技术手段,使无人机系统全寿命周期的使用可用性、任务可靠度、后勤保障需求响应能力以及费用需求保持在要求的范围内,即实质是"基于性能的后勤(Performance - Based Logistics,PBL)"保障管理。因此,灵活、科学、有效的管理技术是无人机系统战备完好性与响应能力的必要保证。由于无人机系统长寿命周期所处的环境变化多样、受影响的因素千差万别,而且不同地域列装的无人机性能劣化的特点各有差异,因而无法用一套完全相同的后勤保障管理方法涵盖所有。本章针对保障性能的后勤管理关键环节,基于具体的服役状态和性能特点研究相应的保障管理技术。

# |6.1 后勤保障管理|

## 6.1.1 后勤保障管理内容

### 1.方案分析阶段

在方案分析阶段,目的是评估无人机系统的各种解决方案。

该阶段后勤保障的重点是使产品的保障能力、需求以及任务能够贯穿在无人机系统从论证到处置的全寿命周期,真正满足不断发展的产品可用性、可靠性以及经济性等的保障需求。

该阶段的几个重要节点包括依据系统参数确定保障目标(系统异常时对设备检测、隔离、及时维修/换件的设计、数据需求与维修流程),分析保障能力基础及不足,提出系统保障的改进方法(含维修计划、保障方法、流程),费用分析等。对每一过程或指标的概念、流程必须定义清晰,而且每一过程都要能够纳入整个系统研发的相应流程中,实现与系统研发的无缝连接。

### 2.技术开发阶段

在技术开发阶段,目的是降低技术风险、优选出系统研发的整套可行技术方案,这需要在细化用户需求的同时经反复迭代优选确定。

该阶段后勤保障的重点是对如何能够保持系统能力进行深入和细化分析,制定出后勤保障系统的详细的目标与需求、论证系统可行性及技术成熟度、设计并制定产品保障系统要求。产品保障系统要涵盖综合后勤保障的十个要素,既要有对硬件等应用系统的指标要求,也要有管理流程和办法等规范性方法的要求,如"维修计划和要求"中要明确制定实施维修计划的管理办法。

可以根据不同的保障目标对设计、技术数据收集以及系统异常时所采取的检测、隔离、维修或换件等维修流程制定相应的保障策略,据此实施保障管理,做到目标可考核,流程可操作,指标可量化。

### 3. 研制与验证阶段

该阶段的目的是形成系统能力、进行系统集成、完善工艺流程、保障性流程优化、人机系统集成、可生产性设计、系统可承受性/互操作性/安全性以及可用性演示验证等。

该阶段后勤保障的重点是制订后勤保障计划、定义后勤保障模型。后勤保障计划应包括保持武器系统、子系统以及保障系统全寿命周期完好性和可用性的所有关键功能,如物资管理、物资分配、技术数据管理、维护、培训、资料管理、配置管理、技术保障、维修部件管理、失效分析以及可靠性增长等。后勤保障模型要基于最大费效比建立,即以最小的费用消耗、最优化的用户保障保证获得最大的可用性,因此,模块化设计、BIT 设计以及环境适应性设计等是后勤保障建模的一些通用选择。

### 4. 生产与部署阶段

该阶段的目的是获得能实现任务需求的系统。

系统的有效性和适宜性通过试验来评估确定。它分两个阶段:试生产阶段,研发完成并形成制造能力、生产少量用于测试和评估的产品;批量生产和部署阶段,依据前阶段测试评估的结果细化工艺流程和保障措施,制造出满足费用/周期/质量目标的无人机系统。

在该阶段管理的目标是完成所有文档编制、完成维修和操作培训、开始实施后勤保障系统/基于性能的保障。

### 5. 服役阶段

后勤保障对该阶段产品的性能保持具有关键作用。而该阶段通常持续10～30 年的时间。该阶段后勤保障的目的是在最佳经济效益的前提下保持完好性

与操作可用性。

（1）供应

供应阶段包括采购、包装、运输备件等。因为所需采购的部组件种类杂、流程多，所以要保证快速供应，需要一套高效的供应机制。该阶段管理的重点是能形成从材料供应商、制造中心、仓储中心、配送中心到零售商的有序供应链条，保证在产品服役的各个阶段，部组件的制造、生产与供应都能满足易损件、可更换组件或维修件等不同产品的维修保养等保障需求。

这需要结合部署环境与寿命期各种活动的频率，按照各种可能的维修保养计划，研究制定最佳的备件储备策略，使各种备件的储备与供应周期要既能满足周期性的检测与维修，还能满足突发的维修保养与换件需求。无人机系统供应链图如图 6-1 所示。

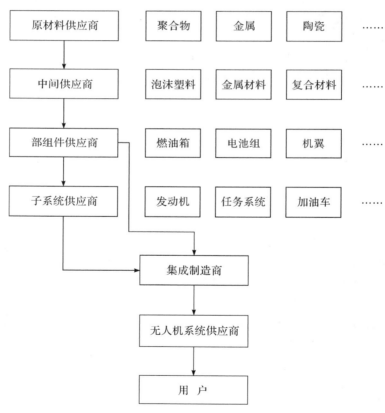

图 6-1 无人机系统供应链图

（2）维护

维护是最关键和最耗时的一项后勤管理活动。为保障任务成功性与操作安全性，在无人机系统执行任务前后均需进行检查维护。维修计划是系统在服役期间的维护架构，需要结合无人机系统寿命周期的各种需求（如飞行小时数、可靠性、MTBF、MTBM、MCMT、MPT、LDT、MLH/month 等）以及供需双方的经验制定。维修计划通常包括保持、恢复或维护无人机系统固有设计水平的所有要求和任务。计划中要明确可修的/耗损的最小可更换单元（LRUs）、维修周期、可能的失效、维修流程，也可以编制每个 LRU 的原型、维修和可修复性（SMR）代码，维修计划可以自动识别维修级别来执行要求的维修任务。

维护过程主要包括以下过程：系统装配、加注燃料、飞行前检测、维修、定期保养、软件升级等。在无人机系统长期存放、定期使用的全寿命过程中，还应进行事后维修与预防维修两类活动。除了换件、修理等维护保养的常规方法外，维修保养的频率应是该阶段后勤保障管理的一个重点。维修规划与维修等级前述章节已作讨论，本章后续重点讨论维修检测的周期问题。

（3）配置管理

无人机系统的配置管理旨在通过产品全寿命期内的需求、设计及应用操作等信息形成并保持好系统一致性、产品性能、功能与物理属性。配置指无人机系统的物理和功能特性，这些特性在技术文件中要做明确规定并在后续使用过程中应能实现。配置管理包括配置识别、配置控制、配置状态报告、配置审计。

1）配置识别。配置识别是对每一个配置项进行定义的过程。该过程的保障管理主要包括确定系统中的配置项、定义配置基线，定义每个配置项的重要特征以及识别标识。

2）配置控制。配置控制指协调和记录配置项的各种工程变更。在不同的寿命阶段，控制的内容不同，采购阶段：建立基线文件，明确配置项的操作与功能需求；使用阶段：记录并按照流程审核管理各种计划性或非计划性的工程变更。

3）配置状态报告。配置状态报告是为配置管理创建和组织各种基础信息的过程。重点是提供配置项的状态信息，以反映项目的各种变化以及进展情况。

4）配置审计。配置审计是对所有配置项的功能及内容进行审查，以验证系统配置策略、流程及程序的所有变更是否满足性能要求。

## 6. 处置阶段

处置就是将无人机系统进行重新分配、转让、捐赠、出售、废弃或销毁。无人机系统一般没有明确的寿终期，要进行处置的主要原因是需求变化或技术进步。

通常要考虑的因素有如下几条：

1）系统已不能满足实际需求；

2）要修复系统的故障或缺陷已超出成本效益；

3）需淘汰的材料占比高且没有可替代的产品；

4）技术更新使新买产品的费效比大大高于维修保养现有产品的。

因此，处置需要综合进行经济、政治和管理决策，但实质是一个库存管理过程，要兼顾经济性与成本效益。无人机系统的处置主体可以是军队、政府或其他非政府组织。处置方法与其他航空系统相似，唯一的区别是无人机有辅助的地面设施。处置方式有三种：全系统处理；仅处置无人系统，但部分子系统保留并用于其他系统；全系统转卖。

无人机系统的故障率远高于有人机，飞行平台通常达不到整个系统的寿命周期，而地面系统又会受到子系统过时的影响。整个系统的处置周期就要视系统规模进行权衡。如小型无人机系统，在飞行平台的寿命结束前进行处置比较合理，而大型无人机系统可通过修理、换件以及提高维修频率等方法延长平台寿命，对其推迟处置会更合理些。

此外，在对某一现有系统进行处置时，应注意对其所产生的所有数据信息进行有序积累，这些信息会对未来的技术改进、管理与决策有帮助。

## 6.1.2　后勤保障管理流程

后勤保障内容贯穿无人机系统从方案设计到报废处置的全寿命周期，在系统寿命周期的不同阶段，后勤管理的内容各有侧重，所涉及的管理单位和部门也会不同，本节以无人机系统的全寿命周期为主线，分析后勤保障管理的主要流程（见图 6-2）。

**1. 方案阶段**

该阶段的管理主体分别为承制方、订购方以及综合后勤保障管理小组。在该阶段，订购方主要依据战略规划需求以及使用操作方的使用要求，提出研制需求；承制方据此进行技术论证并提出保障技术方案；最后由综合后勤保障管理小组审查并反馈意见，直到综合后勤保障管理小组审核同意保障技术方案，该阶段的管理任务结束。综合后勤保障管理小组是针对具体研发任务成立的管理机构，机构成员可包括承制方、订购方以及双方认定的审核专家等。

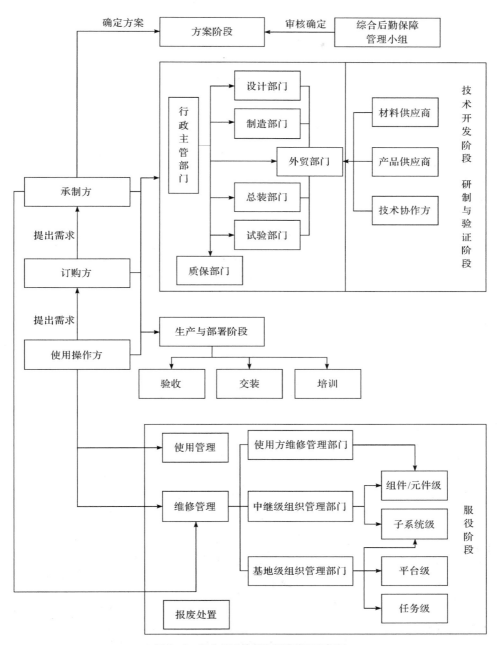

图 6-2　无人机系统后勤保障管理流程图

### 2.技术开发/研制与验证阶段

该阶段的管理主体是承制方。在该阶段,主要由承制方进行无人机系统的设计研发与试验,管理机构设置一般遵照承制方的管理体系,如按照技术开发任务可分为行政主管部门、质保部门、设计部门、工艺及制造部门、总装部门、试验部门以及外贸部门。行政主管部门承担统筹规划和部门协调的职责;质保部门对全过程的质量进行审核和把关;外贸部门负责承制单位与外部单位联系的归口管理,包括该阶段工作中各种材料以及元器件等产品的采购供应、与外部的各技术协作方进行协调沟通等具体工作;设计部门、工艺及制造部门、总装部门、试验部门按序分别负责系统设计、制造、集成以及部组件/系统的内外场试验等。

### 3.生产部署阶段

该阶段包括验收、交装和培训等主要工作。从任务内容来看,验收的管理主体是订购方,由订购方负责组织承制方和使用操作方开展相关的验收工作;从交装和培训来看,主体是承制方和使用操作方,由承制方安排对使用操作方进行交装运输以及技术培训等。

### 4.服役阶段

该阶段的管理主体是使用操作方。在日常库存管理、运输、保养、测试以及操作训练、执行任务等服役使用管理方面,使用操作方是管理主体;针对组件/元件级、子系统级、平台级以及系统级等不同等级产品的维修需求与维修等级,分别由使用方的维修管理部门、中继级维修管理部门、基地级维修管理部门以及承制方等实施管理并具体完成任务。

## 6.1.3 寿命周期费用管理

技术进步和装备的发展,使武器系统研制、采购和使用保障费用急剧上涨。传统的无人机系统研发过程中,由于研制部门通常只关注性能开发,没有从全寿命周期性能保障的角度开展装备研制,导致系统服役后的使用和维护费用居高不下,对战斗力也造成一定影响。为解决这一问题,以美军为代表的发达国家在武器装备发展中,开始全面贯彻落实全寿命全系统思想,推出了"寿命周期费用"(LCC)的概念。

寿命周期费用(LCC)是指产品全生命周期内所消耗费用的总和,包括论证、研制、生产、购买、使用、保障和退役处置所需的人工、设备与设施等费用。若将装备按照研发、采购、使用服役三个阶段构成全寿命期,按照国内外武器装备研究单位多年的统计结果,这三个阶段费用分别占 LCC 的比例为 5%～10% 、25%～30%、60%～70%,但各阶段的工作成果对系统 LCC 的影响恰恰相反。立项论证阶段的成果决定着 LCC 的 70%,研制总要求论证结束决定了 LCC 的85%,到工程研制阶段结束决定了 LCC 的 95%,而服役阶段只能影响 LCC 的5%。因此,研发阶段的费用管理是 LCC 管理的重中之重,故在装备立项论证阶段强调开展寿命周期费用分析,已经成为外军装备发展的普遍做法。

对于长寿命复杂系统,后勤保障无疑成为其寿命过程的一个重要阶段,后勤保障必然要有相应的费用消耗,根据产品的复杂程度,在大量采用机内测试与诊断技术的情况下,用于维修性设计方面的费用,可能会达到研制费的 10%,但服役期间的维修保障费用会成倍数降低。通常,无人机的可靠性水平越高,发生故障的可能性越小,所需的维修活动与保障资源消耗就越少,但高可靠性又会带来设计费用的增加。由于综合后勤保障的目标是以经济的寿命周期费用来实现系统的目标,所以设计活动所寻求的可靠性是在寿命周期费用可控范围内的可靠性水平。如表 6 - 1 所示,高可靠性设计比传统设计所需的设计费用约多 2 倍,但寿命周期成本却降了 1/3,而且维护保障费用下降了 2 倍多。因此,在方案与技术开发阶段,应专门赋予相关部门管理职能,以监督、审查和保证在预算的费用框架下寻找到一种能使设计、采办与使用保障费用达到最佳平衡的优化方法。

表 6 - 1 美国某导弹制导系统

| 项　　目 | 寿命周期成本 | 其　中 | | |
|---|---|---|---|---|
| | | 设计费用 | 采购费 | 维护费 |
| 高可靠性设计 | 100 | 59.2 | 10.2 | 30.5 |
| 传统设计 | 158.4 | 20 | 9.4 | 99 |

# |6.2　资源综合保障|

## 6.2.1　保障资源配备方案

随着装备复杂程度的提高,国外在 20 世纪 70 年代中期服役的大型复杂装备都面临着保障费用高和战备完好性差两大难题,在维修上要花很多时间来等待维修、等待备件,这使得近十几年在装备的发展中,除了改善可靠性和维修性,

保障性也日益引起各国的重视。通过保障系统的设计,使装备能够得到所需的保障资源;而在无人机系统列装后的后勤保障阶段,通过合理的后勤保障配置,既可以优化保障流程、降低费用消耗,又可以保持无人机系统的性能。这种基于性能的保障(PBL),其核心是购买性能而非传统保障意义上的购买单个零件或维修活动,因此必须依据产品实际的操作与保障需求定制性能权值并能对其进行追溯、测量与评估。评估 PBL 性能的目标参数有:

1)使用可用度。系统可用于任务的时间百分比或维持作战节奏的能力。

2)工作可靠性。系统成功执行任务的概率。任务目标可以是出动架次、飞行、发射、到达目的地等。

3)单位使用成本。由合适的度量单位划分给定系统的总运行费用。依据系统特点,度量单位可以是飞行小时、热车时间、发射、英里数等。

4)后勤支持。政府/承包商对后勤保障的规模。它包括库存/设备、人员、设施、运输资产以及房产等。

5)后勤响应时间。从保障信号发出到满足保障需求所需的时间。保障需求指系统、组件或资源(包括人力资源)提出的系统后勤保障需求。

PBL 可以按照以下四个等级来实施:

1 级——组件。该等级下的性能可通过及时供货得到保障,其保障的效率主要由产品供应链决定。这是最低等级。

2 级——关键子系统。该级保障及通信性能的范围得到扩展,用户与承包商也成为协作关系。产品的性能不只受产品供应速度影响,还受维修过程、工程和技术保障、配置管理、小改装以及工艺改进等多方面影响。通用电气的 F404 航空发动机即是一个典型的例子。

3 级——平台可用性。该级的保障范围是购买作战性能。使用者不再关注组件或子系统,重点在系统平台的可用性与完好性。因此,承包商在该级的保障管理责任更大。洛克希德马丁公司与美国空军的 F－117 夜鹰系统合作项目属于该级。

4 级——任务。该级要求既能保证可执行任务,又要保证任务的成功率。影子战术无人机是本阶段应用的一个实例。

无人机除了执行任务的飞行器上没有人员之外,其任务操作和保养维修仍需要大量人员。如对于一套由 4 架 UAV、一套发射回收系统、一套地面发射系统组成的无人机系统来说,通常需要 170 人。因此,按照不同的产品层次与PBL 保障等级,其保障人员、保障设备、技术资料(操作与维修手册)、供应保障(消耗品、工具、辅助设备等)以及备件保障等的策略与配置方法应有所侧重。

## 6.2.2　备件保障

### 1. 备件策略

随着科学技术的发展进步,信息技术越来越多地应用在航空装备,其电子设备种类繁多、型号复杂。飞机越先进,信息技术含量也越高,故障模式更为复杂,备件消耗更难预测。未来的信息化战争电磁斗争激烈,需要消耗大量的电子元件、光学元件、新材料等元件,使航空备件的电子产品及零配件比例大幅度上升,导致航空装备备件的消耗结构明显变化。如果备件储备结构不合理,必将影响飞机的保障率。

备件选择应满足如下条件:

1)备件的选择应该既包括无人机装备在服役寿命期为保证战备完好性所需的备件,也应该包括为保障战备完好性所需的保障设备(装备使用与维修所需的各种设备,如拆卸、安装与搬运设备、计量与校准设备、试验设备、测试设备及监测与故障诊断设备、修理工艺装置等)的备件情况。

2)备件供应属于装备综合保障的一个内容,主要是确定各维修级别上装备使用与维修所需备件和消耗品的品种和数量,以及其筹措、分配、供应、储运和调拨等要求,其中包括初始保障、后续保障及装备停产后的器材供应。

3)备件在备用的过程中通常处于储存状态,该阶段的寿命时间为储存时间。"储存时间"一般指产品生产完成后,从出厂开始至储存到某一时刻的时间间隔。有些情况下储存时间要从某一产品元件甚至部件的出厂时间开始计算。一般来说,产品元件的生产时间都先于整个产品的装配时间。这样,当以这些元件为备件时,储存时间的计算就应从相应元部件的出厂时间开始。

### 2. 备件优化储备模型

备件的作用就是保证无人机系统的战备完好性。因此,在全寿命周期内,由于环境、人因、管理、质量、寿命特征等多种因素的作用,不同种类的备件应有不同的储备周期。对于备件种类、数量以及配备周期的选择,需要结合实际服役环境因素、测试使用情况、故障频次、后勤保障等多种因素,进行优化选择,这样才能保证长期储存过程中无人机系统的完好性。因此,最佳备件数应该是多种因素综合作用下的一个优化模型。即各种备件产品的备件选择需要满足如下条件:

1)某产品(组件/部件/元器件)所有备件的寿命和≥系统要求的储存寿命

2）理论备件数＝$f$（本质失效数,耗损失效数,突发失效数,操作失效数）

其中,本质失效:或称早期失效,设备在规定的条件下使用,由于设备本身固有的弱点而引起的故障（一般由于设计、制造上的缺陷等原因发生的故障）。对通常的无人机系统来讲,因电子元器件经过老化筛选,可以认为早期失效发生的概率比较小（<5％）,而其他既未经过老化筛选、工艺设计与检测手段又不完备的组部件,可以认为早期失效发生的概率介于 5％～20％之间。将这类概率值作为本质失效对理论备件数的影响参数,用 $x$ 表示。

耗损失效:或称自然失效,设备由于老化、摩擦、损耗、疲劳等原因引起的失效（通过事前的测试或监控可以预测到）。所有设备均会发生耗损失效,其自然损耗寿命决定其对备件数的影响,这里取无人机系统储存规定时间与其某组部件的耗损寿命之比值作为该参数对理论备件数的影响参数,用 $y$ 表示。

突发失效:或称偶发失效,设备由于偶然因素造成的失效（通过事前的测试或监控不能预测到）。对于燃油组件等可能会发生这种失效,可以认为突发失效发生的概率小于 5％,将这类概率值作为突发失效对理论备件数的影响参数,用 $z$ 表示。

操作故障（失效）:或称过失故障,不按规定条件使用、维护设备而引起的故障,且不能修复者为操作失效。这种失效完全是由于人为操作造成的,任何组部件都可能发生操作失效,而且,需要注意的是,使用操作不方便也是引起操作失效的一个主要原因,用 $r$ 表示。

条件 1）反映了备件不宜在交装时一次储备而应有序储备的原则,这样既节约了保障费用,又保证了一旦需要,备件装配后即可满足系统的可用要求。

条件 2）构造了理论备件数的一个函数模型。在该模型中,各种故障数在不同备件产品中并无一致的规律,而且检测频次、检测人员素质等均对产品的性能与质量产生影响,因此,实际备件数应该在理论备件数的基础上再乘以一个余度系数 $a(a\geqslant1)$,即

$$实际备件数=\frac{ay}{xzr} \tag{6-1}$$

## 6.2.3  储存与运输

在无人机的整个寿命周期内,可能会在多个不同地域部署,地面站、无人飞机、保障设备以及故障后的维修转运等都会面临运输需求。可运输性是无人机区别于有人机的又一个显著特点。无人机的可拆装设计,使其便于存放和装箱运输。因此,在开展技术设计之初,就要考虑拆装、制造、维修和后勤保障等的可

运输性需求;在实际储存与运输过程中,要严格按照设计要求进行拆装、储存与运输。

无论是路基、海基还是一次使用的无人机,目前储存都是无人机系统的重要寿命阶段。这里认为,储存完好性是评价设备和系统在给定时间和空间约束下,承担检测训练和保持全部性能要求的能力,是系统属性和使用属性的综合评价,它随评价对象和储存背景而异。

就长储一次使用的无人机来说,影响储存完好性的因素包括以下几方面:

1) 设备参数,如设备的可靠性、维修性、保障性等,这些参数主要由设计制造水平来决定。若设计的可靠性水平不高,则在实际使用中装备就会故障频出,严重影响使用操作和干扰任务的执行,战备完好性低下。维修性设计则决定了装备在使用时发生故障后是否易于维修,而保障性设计则决定了无人机系统在使用过程中是否易于保障,特别是维修保障。装备的可靠性、维修性、保障性应该在研制中就赋予装备的,它们在装备使用中无法弥补。

2) 使用规则参数,如保障维修措施等。任何装备只要使用就需要维修保障工作,维修保障是指为了保持和恢复装备战备完好的技术状况所进行的保障工作,如全部技术和管理活动、装备的计划与非计划维修、战场抢修及其工具、设备、设施的配备和备件、器材的供应等,这些工作还需要考虑相应的专业人员配备与训练、物质保障等。这些维修保障活动对战备完好性的提高是研制过程中无法赋予的,维修活动是保持装备完好性的必要途径。

无人机系统的平均不能工作时间是平均维修时间、平均保障延误时间和平均管理延误时间之和。平均维修时间是指实施修复性维修和预防性维修工作所用的平均时间,主要反映了有关可靠性、维修性设计特性对战备完好性的影响。平均保障延误时间和平均管理延误时间主要反映了维修保障系统的组成要素,如保障体制、管理和维修资源对战备完好性的影响。保障延误时间是由多方面延误引起的,主要有等待获取备件或备件不足而造成的供应保障延误的备件延误时间;由于缺乏维修人员(或缺乏训练)而延误维修的人员延误时间;由于缺乏测试设备、维修设备与工具(或设备不匹配、设备完好率较低)等造成的装备不能工作的设备延误时间;由于送修装备等待运输造成的运输延误时间;由于缺少所需要的维修设施(或设施不匹配),使得维修能力有限而造成的维修设施延误时间等。管理延误时间是指由于行政管理性质方面的原因造成装备维修延误不能工作的时间。其具体原因存在于行政管理的各个方面,例如由于申报、批准装备维修计划造成的行政管理延误时间;由于计划不周或管理不善造成装备不能工作的时间;由于维修机构、人员配备不合理造成的装备维修延误时间。

在上述的影响因素中,保障延误时间和管理延误时间常常要比平均维修时

间更长。因此,减少延误时间对于提高实际环境中装备的战备完好性具有十分重要的意义。必须根据部队的实际,科学配置维修保障系统,合理确定和筹措维修器材(品种、数量)、及时组织维修保障人员培训、建立完善的维修机构及维修制度,特别是保障资源的优化配置,保持装备战备完好性,及时恢复战斗力。

3)储存因素,包括环境因素与人为因素。环境因素主要影响储存完好性,因此后期保障管理中应考虑对环境的控制与保障资源配置;人为因素既可能影响储存完好性,也可能影响战备完好性,如由于人员技术水平导致的检测测试效率直接影响储存完好性,而人员违反操作规程导致的系统无法工作,直接影响战备完好性。

# 6.3 后勤阶段质量监控技术

无论是可重复使用还是一次性使用的无人机系统,随服役时间的增加,系统性能下降是必然趋势。一般地说,无人机上的部件可以分为三类:第一类是服役环境对其可靠性影响不大,可靠性相对稳定的部件(如结构件);第二类是性能参数有变化趋势甚至失效的部件(如电子器件、油路管件等);第三类是寿命较短且易于更换的部件(垫圈、螺栓连接件等)。对于环境敏感性不同的产品,需要采用不同的质量监控措施,如对于第一类部件只要控制好环境、第三类部件只要定期更换即可,而对于第二类部件,需要通过检测发现产品缺陷和故障,然后采取有效的保障措施(如换件或维修)。

因此,要保证系统在长期服役过程中的战备完好性,必须采取相应的质量监控手段,通过定期检测发现产品缺陷和故障,才能有针对性地进行维修。尤其对于长期储存一次使用的无人机,只有通过检测才能知道性能变化的情况如何。本节给出的方法对长期储存的以及服役期间重复使用的无人机系统均适用。

## 6.3.1 检查方法

检查分为一般性检查、安全性检查以及功能要求检查三项内容,检查形式表现为外观检查与性能检测。

**1.外观检查**

(1)安全性检查
安全性检查主要检查引信机械保险,看是否出现安全隐患。

（2）外观性能检查

外观性能检查主要是通过目视检查无人机是否有划伤、开裂、掉漆、发霉、生锈、老化、漏油等现象。目视检查可以是随机检查，也可以随性能检测进行定期检查，一旦发现异常，需要及时分析可能的原因，对于可能影响系统性能的外观变化，要采取补救措施。尤其是对于发动机、燃油系统、发射车液压系统等，一旦发现接头处垫圈老化、漏油现象，就要及时换件或修理。燃油袋是否可用主要通过目视颜色变化与手摸硬度变化的检查方式来评定。

**2. 性能检测**

（1）安全性测量

安全性测量主要测量指控站、发射车等的接地电阻、绝缘电阻是否在容限范围内。

（2）功能/性能测量

功能/性能测量主要分为机内自检测（BIT）与机外无损检测两种方式。BIT重点检测机载导航与制导、飞行控制与管理、目标信号搜索、识别与跟踪等功能；无损检测重点测试连接结构性能的劣化情况。

# 6.3.2　最优检测周期

由于检测测试受仪器的性能、检测人员素质等因素的影响，每一次检测都难以保证故障隐患 $100\%$ 被发现，再加上检测容易造成人为的故障，而且检测本身会产生一定的费用消耗，因此在实际储存过程中，通常并不进行性能的实时监测，而是进行定期检测。常规的检测方法是按照厂家指定的理论周期进行定期检测。由于实际服役环境、保障措施等的差异以及测试效率的影响，检测测试本身并不能完全反映测试系统的真实性能，而且，由于不同材料对环境的敏感程度不同，如果采用单一固定周期进行测试，会存在间隔太长或较短等弊端：如果定期检测的周期太长，会导致累积的故障增多，而如果检测周期太短，频繁的检测又会加剧储存性能的退化或带来不必要的人为故障和费用消耗。因此存在最佳检测周期的确定问题。

**1. 测试效率**

测试效率通常用 $\alpha$ 表示。对于定期检测测试的产品，假设定期检测时间间隔为 $\tau$，每次定期检测的最佳测试效率为 $\alpha_l^*$（$l=1,2,3\cdots$），则每次定期测试后产品的可靠度关系满足：

$$R_h(l_\tau) = e^{-(1-\alpha_l^*)|\ln[R(l_\tau)]|} \tag{6-2}$$

式中　$R_h(l_\tau)$ ——第 $l$ 个周期经测试后的可靠度（ $l=1,2,3,\cdots$ ）；

　　　$R(l_\tau)$ ——到达第 $l$ 个周期检测时刻的可靠度。

由式（6-2）可以看出，由于测试效率的影响，每次定期检测后的可靠度都不可能恢复到 1。

实际中由于每次检测时测试仪器的性能、检测人员素质等不可能完全相同，有时甚至存在很大差别，因此常数 $\alpha$ 不能较好反映不同测试周期间相关影响因素对产品可靠性的影响程度，这里给出最佳的测试效率 $\alpha^*$ 的模糊综合评判法。

（1）建立因素集和因素等级集

如图 6-3 所示为影响 $\alpha^*$ 的因素体系。

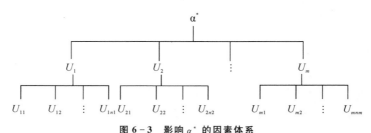

图 6-3　影响 $\alpha^*$ 的因素体系

影响测试效率的因素集合可表示为

$$U = \{u_1, u_2, \cdots, u_n\}$$

式中　$u_i$ ——代表第 $i$ 个影响因素。

各因素按其性质和程度可细分为若干等级，形成因素等级集

$$u_i = \{u_{i1}, u_{i2}, \cdots, u_{im}\}$$

式中　$u_{ij}$ ——代表第 $i$ 个因素的第 $j$ 个等级。

凡对检测测试效率有影响的因素都可取作因素集中的元素，这些元素一般都是模糊的。

（2）建立因素权重矩阵、因素等级权重矩阵

为反映各因素的不同重要程度，对各因素 $u_i$ 均赋予一相应的权重 $w_i$（ $i=1$, $2,\cdots,n$ ），称各因素权重所组成的矩阵为

$$\boldsymbol{W} = [w_1, w_2, \cdots, w_n]$$

由于各因素重要的程度是一个模糊概念，因此需用模糊数学理论将其处理，成为模糊因素权重集。具体方法同第 3 章的专家评估法（3.2.3 节）。

（3）建立备择集

由于测试效率 $\alpha$ 仅限于 [0,1] 区间取值，故将 [0,1] 区间按一定步长离散，取

各离散值 $\alpha_k(k=1,2,\cdots,p)$ 集合

$$\alpha = \{\alpha_1,\alpha_2,\cdots,\alpha_p\}$$

作为备择集，待定的最佳测试效率 $\alpha^*$ 包含在备择集 $\alpha$ 中。

（4）一级模糊综合评判

建立单因素评判矩阵 $\boldsymbol{R}_i$

$$\boldsymbol{R}_i = \begin{bmatrix} r_{i11} & r_{i12} & \cdots & r_{i1p} \\ r_{i21} & r_{i22} & \cdots & r_{i2p} \\ \vdots & \vdots & \vdots & \vdots \\ r_{im1} & r_{im1} & \cdots & r_{imp} \end{bmatrix}$$

式中　　$r_{ijk}$——对因素集中第 $i$ 个元素的第 $j$ 个等级进行评判，所得到的对备择集中第 $k$ 个元素的隶属度。

进行一级模糊综合评判

$$\boldsymbol{B}_i = w_i \boldsymbol{R}_i = \begin{bmatrix} b_{i1} & b_{i2} \cdots b_{ip} \end{bmatrix} \quad (i=1,2,\cdots,n) \tag{6-3}$$

则因素等级综合评判矩阵为

$$\boldsymbol{R} = \begin{bmatrix} B_1 & B_2 \cdots B_n \end{bmatrix}$$

（5）二级模糊综合评判

设 $l$ 为定期检测次数，$l=0,1,2,3,\cdots$，则得到第 $l$ 个检测周期内的因素综合评判矩阵

$$\boldsymbol{B}_{lF} = \boldsymbol{WR} = \begin{bmatrix} b_{1F} & b_{2F} \cdots b_{pF} \end{bmatrix} \tag{6-4}$$

式中　　$b_{kF}$——第 $k$ 个二级模糊综合评判指标。

（6）第 $l$ 个检测周期内最佳测试效率 $\alpha_l^*$ 的确定

采用加权平均法确定最佳测试效率值 $\alpha_l^*$。以 $b_{kF}$ 为权重，取各个备择元素 $\alpha_k$ 的加权平均值作为最佳测试效率值，即

$$\alpha_F^* = \frac{\sum_{k=1}^{p}(b_{kF}\alpha_k)}{\sum_{k=1}^{p}(b_{kF})} \tag{6-5}$$

同理可求得任一检测周期内的测试效率。

## 2. 系统服役费用模型

由于费用与时间有关，因此进行费用分析时，将产品服役期间所经历的各种时间看作随机变量，利用蒙特卡罗仿真方法确定出各类时间，然后按照各类时间的单位费用消耗确定出整个系统消耗的总费用。

（1）产品状态

定期检测维修的产品，服役期间有四种状态：可用状态、故障状态、定期检测

状态和故障修复状态。与四种状态相对应,可将产品所经历的时间分为四类。

可用时间 $T_R$:产品在服役期间属于可用状态的时间;

故障时间 $T_F$:产品在服役期间从故障产生到开始修复所经历的时间;

定期检测时间 $T_C$:进行定期检测所用的时间;

故障修复时间 $T_M$:修复储存故障所经历的时间。

(2)产品费用数学模型

在长期服役过程中,某一种产品所消耗的实际费用包括使用费用、维修管理费、保障费用以及其他费用四个部分,各部分的具体费用组成如图6-4所示。

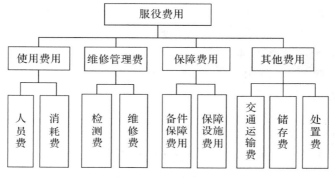

图 6-4　产品服役费用结构

假设单位时间的检测费用是 $c_C$,单位时间的维修费用是 $c_M$,产品故障后单位时间的平均损失是 $c_F$,可用状态下单位时间的储存费用是 $c_R$,则定期检测产品在整个服役期内由检修引起的总费用期望值可表示为

$$c(T) = T_c c_C + T_M c_M + T_F c_F + T_R c_R \qquad (6-6)$$

### 3.可靠性的等劣化模型

当检测周期为定值时,随检测维修次数的增加,各检测周期内的可靠度要逐步下降,即失效数要逐步增大,不能及时发现的失效数会逐步增多,这同样会缩短产品的寿命。这是由于采用等长时间间隔的检测策略,不能反映随可靠性劣化应相应缩短检测时间间隔的客观要求,为此提出一种可靠性的等劣化模型。

等劣化模型是将可靠性劣化与性能劣化有机地联系在一起。已经知道,产品故障率随服役时间的变化而时刻会发生变化,这里也吸收劣化的观点,以指数分布在每一检测周期内故障率的当量平均值 $\bar{\lambda}$ 作为检测周期内寿命分布的合理近似,将真实故障率曲线(见图6-5)用简化故障率模型(见图6-6)来表示。考虑到系统可靠性劣化时应相应缩短检修时间间隔以保持良好技术状态的要求,采取每一检测周期内故障数相同即可靠度变化率相同的检测策略。

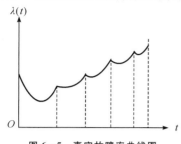
图 6-5  真实故障率曲线图

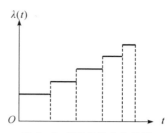
图 6-6  简化故障率曲线图

电子和机械产品仍然是无人机系统所采用的主要产品,而且,通常电子产品的寿命服从指数分布,机械产品的寿命服从威布尔分布,本文仍以这两种主要分布为例进行分析。

(1)指数寿命型系统

指数寿命型系统可靠性等劣化模型的数学描述为

$$\rho = \frac{R_1 - R_2}{R_1} = \frac{R_i - R_{i+1}}{R_i} \tag{6-7}$$

不同检测周期下,可靠性等劣化的数学模型为

$$\rho = \frac{R(\tau_1) - R(\tau_2)}{R(\tau_1)} = \frac{R(\tau_i) - R(\tau_{i+1})}{R(\tau_i)} \tag{6-8}$$

式中　　　　$i$——检测周期序数,$i = 0,1,2,\cdots,N$,$N$ 为总的检测次数;

　　　　　　$\tau_i$——第 $i$ 个测试周期;

　　　　$R(\tau_i)$——第 $i$ 次检测时刻的可靠度;

　　　　　　$\rho$——相邻检测周期可靠性和性能指标的等劣化率。

由此建立经检测测试后,不同检测周期的可靠度模型为如下 2 种:

1)成败型结构。

$$\left.\begin{array}{l} R_h(\tau_i) = \mathrm{e}^{-(1-a_i^*) \mid \ln(R(\tau_i)) \mid} \\ R(\tau_{i+1}) = R_h(\tau_i)(1-\rho) \quad (i = 1,2,3\cdots) \\ \rho = 1 - R(\tau_1)/R_0 \end{array}\right\} \tag{6-9}$$

式中　　　$R_0$——进入服役状态时的可靠度;

　　$R(\tau_1)$——第一个检测间隔期 $\tau_1$ 的可靠度,可利用部件或系统可靠度的确定方法,先确定出 $\tau_1$ 时间间隔内任意时刻的失效率函数值 $\lambda_1(t)$,然后将其求平均得到 $\overline{\lambda}_1$,则

$$R(\tau_1) = \mathrm{e}^{-\overline{\lambda}_1 \tau_1}$$

2)性能退化型结构。

$$
\left.
\begin{array}{l}
R_h(\tau_{i+1}) = R_h(\tau_i)e^{-(1-\alpha_i^*)|\ln(R)|} \\[2mm]
R = \int_x \mu(x) \cdot f(x)\mathrm{d}x
\end{array}
\right\} \quad (i=0,1,2,3,\cdots) \qquad (6-10)
$$

式中，$R_h(\tau_0) = R_0$。

(2)威布尔寿命型系统

对于寿命服从威布尔分布的产品，修理以后同样不能再恢复到初始状态，其劣化模型不宜采用指数分布的劣化模型，假设该类产品每次修理以后相当于使用了一段随机时间 $Y$，本节在研究 $Y$ 分布的基础上，确定该类产品的可靠性劣化模型。

1)假设条件。定期检测周期为 $\tau_i$（$i=1,2,3,\cdots$，为检测次数），一旦检测到故障马上进行修理，否则继续原服役计划如储存。设第一次故障的时间是 $\sum\limits_{i=1}^{k_1} \tau_i + t_1$，$k_1$ 为第一次发现故障时总的检查次数；第二次故障的时间是 $\sum\limits_{i=1}^{k_2} \tau_i + t_2$，$k_2$ 为第二次发现故障时总的检查次数；……；第 $k$ 次故障的时间是 $\sum\limits_{i=1}^{k_k} \tau_i + t_k$，第 $k$ 次发现故障时总的检查次数为 $k_k$，用符号 $\overrightarrow{\sum\limits_{i=1}^{k_k} \tau_i + t_k}$ 表示集合（$\sum\limits_{i=1}^{k_1} \tau_i + t_1$，$\sum\limits_{i=1}^{k_2} \tau_i + t_2$，$\cdots$，$\sum\limits_{i=1}^{k_k} \tau_i + t_k$），则 $k_i$（$k_i=1,2,\cdots$）和 $t_i$（$i=1,2,\cdots$）是一些随机变量。

相邻两次故障发生的时间称为一个区间，则第 $k$ 区间表示区间 $\left[\sum\limits_{i=1}^{k_k} \tau_i, \sum\limits_{i=1}^{k_{k+1}} \tau_i\right]$。

由于检测后修复的状态很复杂，这里假设采取非换件修理的维修方式，且假设每一次的维修条件都相同，定期检测系统检修以后不能再恢复到初始状态，而相当于已使用了一段时间 $Y$，$Y$ 是一个随机变量，其密度函数是 $g(y|x)$，为产品发生故障的时间。

2)密度函数。设 $Y_k$ 表示定检产品在第 $k$ 次检测修理后的损耗寿命随机变量，其密度函数为 $g_k\left(y_k, \overrightarrow{\sum\limits_{i=1}^{k_k} \tau_i + t_k}\right)$，其中，$k_k$ 和 $t_k$ 分别表示第 $k$ 区间的检测次数和故障时间。

$$g_1(y_1, \overrightarrow{\sum_{i=1}^{k_1} \tau_i + t_1}) = g(y_1, \sum_{i=1}^{k_1} \tau_i + t_1) f(\sum_{i=1}^{k_1} \tau_i + t_1) \qquad 0 \leqslant y \leqslant a_1$$

$$(6-11)$$

$$g_k(y_k, \overrightarrow{\sum_{i=1}^{k_k} \tau_i + t_k}) =$$

$$
\begin{cases}
\int_0^{a_{k-1}} g(y_k, \sum_{i=1}^{k_k} \tau_i + t_k + x) f(\sum_{i=1}^{k_k} \tau_i + t_k + x) g_{k-1}(x, \overrightarrow{\sum_{i=1}^{k_{k-1}} \tau_i + t_{k-1}}) dx \\[2mm]
\qquad\qquad (0 \leqslant y \leqslant \sum_{i=1}^{k_k} \tau_i + t_k) \\[4mm]
\int_{y-(\sum_{i=1}^{k_k} \tau_i + t_k)}^{a_{k-1}} g(y_k, \sum_{i=1}^{k_k} \tau_i + t_k + x) f(\sum_{i=1}^{k_k} \tau_i + t_k + x) g_{k-1}(x, \overrightarrow{\sum_{i=1}^{k_{k-1}} \tau_i + t_{k-1}}) dx \\[2mm]
\qquad\qquad (\sum_{i=1}^{k_k} \tau_i + t_k \leqslant y \leqslant a) \\[4mm]
0 \qquad\qquad\qquad (\text{其 他})
\end{cases}
$$

$$(6-12)$$

式中

$$\overrightarrow{\sum_{i=1}^{k_k} \tau_i + t_k} = (\sum_{i=1}^{k_1} \tau_i + t_1, \sum_{i=1}^{k_2} \tau_i + t_2, \cdots, \sum_{i=1}^{k_k} \tau_i + t_k)$$

$$a_k = \sum_{i=1}^{k} (\sum_{i=1}^{k_k} \tau_i + t_k) \qquad (k = 2, 3, 4, \cdots)$$

3)可靠度模型。产品在第 $k$ 区间储存可靠度的退化量为

$$R_k(t) = \int_{\sum_{i=1}^{k} k_i \tau_i}^{\sum_{i=1}^{k+1} k_i \tau_i} g(y \mid x) \mathrm{d}y = \int_{\sum_{i=1}^{k} k_i \tau_i}^{\sum_{i=1}^{k+1} k_i \tau_i} g_k(y_k, \overrightarrow{\sum_{i=1}^{k_k} \tau_i + t_k}) \mathrm{d}y \qquad (6-13)$$

假设产品在第 $k$ 区间内每一检测周期可靠度的退化率相同,为 $\rho_k$ ,则

$$\rho_k = \frac{R_k(\tau_1) - R_k(\tau_2)}{R_k(\tau_1)} = \frac{R_k(\tau_{k_i}) - R_k(\tau_{k_{i+1}})}{R_k(\tau_{k_i})} \qquad (6-14)$$

式中　　　$R_k(\tau_{k_i})$ ——第 $k$ 区间内第 $k_i$ 个检测周期的可靠度; $k = 1, 2, \cdots$

　　　　　$R_k(\tau_{k_{i+1}})$ ——第 $k$ 区间内第 $k_{i+1}$ 个检测周期的可靠度;

　　　　　$k_i$ ——第 $k$ 区间内的检测次数, $k_{k-1} < k_i \leqslant k_k$ 。

因此有

$$R_k(t) = R_{k-1}(t)(1 - \rho_k k_k) \qquad (6-15)$$

由此公式可求得第 $k$ 区间内每一检测周期的等劣化率 $\rho_k$ 后,可得产品在第 $k$ 区间任一周期检测时刻的可靠度为

$$R_k(\tau_{k_i}) = R_{k-1}(\tau_{k_{k-1}})(1 - k_i \rho_k) \qquad (6-16)$$

式中　$R_{k-1}(\tau_{k_{k-1}})$ ——第 $k-1$ 区间最后一个即第 $k_{k-1}$ 个检测周期的可靠度;

$R_k(\tau_{k_i})$ ——第 $k$ 区间第 $k_i$ 个检测周期的可靠度, $k_{k-1} < k_i \leqslant k_k$ 。

考虑测试效率的影响,可得产品在第 $k$ 区间任一周期经检测后的可靠度为

$$R_{kh}(\tau_{k_i}) = e^{-(1-a_i^*) \, | \, \ln R_k(\tau_{k_i}) |} \qquad (6-17)$$

### 4. 系统检测周期的优化模型

如果以产品应保持的可靠性指标为性能目标,假设要求的可靠性为 $R_e$ ,即当可靠度低于 $R_e$ 时,应修复系统。由于 $R(\tau_i)$ 是随着 $i$ 的增加而下降的数列,经检测维修后系统的可靠性只要不低于给定的 $R_e$ 允许限,仍可使用(或储存);但当检修后系统的可靠性小于等于 $R_e$ 的最低可接受值 $R_{eL}$ 时,产品已没有必要修理而应进行更换。以产品到达某检测状态时,由检修引起的总费用期望值最小为目标函数,以该状态的可靠度函数为约束条件建立测试周期的优化模型如下:

$$\left.\begin{array}{l} \min c(T) \\ \text{s. t. } R_h(\tau_i) \geqslant R_{eL} \end{array} \quad (i=1,2,3,\cdots) \right\} \qquad (6-18)$$

还要注意的是,优化目标的费用要满足小于购买新品的费用,否则,维修没有意义。

(1)检测周期的退化模型

1)指数寿命型系统。假设指数寿命型系统任一检测周期的失效率和检测周期分别为 $\lambda_i$ 和 $\tau_i(i=1,2,\cdots)$ ,由每一检测周期的失效数相等,有

$$\lambda_i \tau_i = \lambda_{i+1} \tau_{i+1} \qquad (6-19)$$

假设经过第 $i$ 次检测修复后的储存故障率满足

$$\lambda_i = \lambda_0 (i+1)^\beta \quad (i=0,1,2,\cdots,k,\beta > 0)$$

式中　$\lambda_0$ ——固有储存故障率,其受环境的影响,这种影响不因检测修复而改变;

$\lambda_i$ ——经过第 $i$ 次检测修复后的故障率;

$\beta$ ——储存寿命的退化参数。

式(6-19)化为

$$\lambda_0 (i+1)^\beta \tau_i = \lambda_0 (i+2)^\beta \tau_{i+1}$$

则检测周期为

$$\tau_{i+1} = \tau_i \left(\frac{i+1}{i+2}\right)^{\beta} \qquad (6-20)$$

因此，给定第一次检测周期 $\tau_1$ 后，就可确定出经检测测试后任意检测周期的可靠度。

2）威布尔寿命型系统。假设威布尔寿命型系统任一检测周期的失效率和检测周期分别为 $\lambda(\tau_K)$ 和 $\tau_K$，（$K=1,2,\cdots,k_1+k_2+\cdots+k_k$），由产品在每一检测周期内的失效数相同，有

$$\lambda(\tau_K)\tau_K = \lambda(\tau_{K+1})\tau_{K+1} \qquad (6-21)$$

式中，$K=1,2,\cdots,k_1+k_2+\cdots+k_k$，为检测次数。

以每一检测周期内故障率的当量平均值 $\bar{\lambda}$ 作为检测周期内故障率的近似，又由威布尔分布的失效率函数 $\lambda(t) = \frac{mt^{m-1}}{\eta^m}$，有

$$\frac{1}{\tau_K}\left[\int_0^{\tau_K} \frac{m(t)^{m-1}}{\eta^m}\mathrm{d}t\right]\tau_K = \frac{1}{\tau_{K+1}}\left[\int_0^{\tau_{K+1}} \frac{m(t)^{m-1}}{\eta^m}\mathrm{d}t\right]\tau_{K+1} \qquad (6-22)$$

所以，得到检测周期的退化模型为

$$\tau_K = \tau_{K+1} \qquad (6-23)$$

即检测周期的退化率为 0，由此得出，产品的寿命分布服从威布尔分布时，各检测周期相同，设为 $\tau$。可以看出，由于威布尔分布的失效率函数随服役时间的增加在时刻发生变化，虽然检测周期相同，但各检测周期内失效数仍然可以保持定值。

假设产品在任一检测周期内储存可靠度的退化率都相同，设为 $\rho$，即 $\rho = \rho_k$（$k=1,2,3,\cdots$），因此，计算得

$$R_{kh}(i\tau) = \mathrm{e}^{-(1-a_i^*)\,|\,\ln R_k(i\cdot\tau)\,|} \qquad (6-24)$$

所以，在一定的损耗寿命下，给定故障发生的时间和检测周期后，可确定任一检测周期内的可靠度。

（2）检测周期的优化模型

由测试周期的优化模型、指数寿命型系统可靠度的等劣化模型、检测周期退化模型可确定出指数寿命型系统检测周期的优化模型如下：

$$\left.\begin{aligned}
&\min c(T) = T_c c_C + T_M c_M + T_F c_F + T_R c_R \\
&\text{s. t. } R_h(\tau_{i+1}) = \mathrm{e}^{-(1-a_i^*)\,|\,\ln R(\tau_i)\,|} \geqslant R_{eL} \\
&R(\tau_i) = R_h(\tau_{i-1})(1-\rho) \\
&\rho = 1 - R(\tau_1)/R_0 = 1 - \mathrm{e}^{-\bar{\lambda}_1 \tau_1}/R_0 \\
&\tau_{i+1} = \tau_i \left(\frac{i+1}{i+2}\right)^{\beta}
\end{aligned}\right\} \quad (i=1,2,3,\cdots) \qquad (6-25)$$

同理,威布尔寿命型系统检测周期的优化模型为

$$\min c(T) = T_c c_C + T_M c_M + T_F c_F + T_R c_R$$

$$\text{s. t. } R_{kh}(i\tau) = e^{-(1-\alpha_i^*)|\ln R_k(i\cdot\tau)|} \geqslant R_{eL}$$

$$R_k(i\tau) = R_{k-1}(k_{-1}\tau) - i\rho$$

$$R_k(k_k\tau) = e^{-(\frac{k_k\cdot\tau}{\eta})^m}$$

$$\rho = R_k(t)/k_k = R_1(t)/k_1$$

$$R_1(t) = \int_{k_1\cdot\tau}^{(k_1+k_2)\cdot\tau} g(y|x)\mathrm{d}y = \int_{k_1\cdot\tau}^{(k_1+k_2)\cdot\tau} g_1(y_1, k_1\tau+t_1)\mathrm{d}y_1$$

$$(k_{k-1} \leqslant i \leqslant k_k, k=1,2,3,\cdots, k_0=0)$$

$$(6-26)$$

# 参考文献

[1]Kimon P Valavanis ,George J Vachtsevanos. Handbook of Unmanned Aerial Vehicles[J]. Springer Science+Business Media Dordrecht,2015.

[2]栗琳,王绪智. 美军装备保障新理论新技术发展趋势[J]. 中国表面工程,2007,20(1):6-10.

[3]Lt Gen D Deptula. The way ahead:remotely piloted aircraft in the United States air force,2009. http://www.daytonregion.com/pdf/UAV Roundtable 5.pdf

[4]宋保维,等.鱼雷系统可靠性理论与方法[M].西安:西北工业大学出版社,2015.

第 7 章

# 后勤保障的信息化技术

现代信息化战争的快节奏和高精度对装备保障也提出了新要求。从研发的角度,需要不断推出适用性和鲁棒性更高的新系统;从使用保障的角度,过去几小时乃至更长时间才能完成的保障任务,现在必须压缩到几分钟甚至数秒钟内,因此对装备保障的速度和精度要求空前提高。为了保证军队战斗力的持续输出,传统的规模型保障体系正在逐步向"按需输送"的高度敏捷、可靠的保障体系转变。充分利用现代信息技术,建立后勤保障信息系统,实现装备保障信息处理(采集、存储、传输、使用、反馈)和使用的一体化、流程化和自动化,是提高无人机系统保障控制和决策水平,实现实时、精确和高效保障的有效手段。

# 7.1 信息化的定义与内涵

## 7.1.1 后勤保障信息化定义

无人机系统按任务功能的不同,可以分别作为陆、海、空军装备体系的重要组成部分。装备保障数量多、型号杂、保障环节多、安全要求高、管理难度大。如果仍然沿用传统的规模型保障体系,既耗费大量的人力、物力和财力,又不能保证装备应用的时效性和可靠性。20世纪90年代末,美军率先推行了后勤管理信息化建设,它涉及后勤技术装备、后勤组织体制、后勤理论和后勤管理等各个领域。2016年,中央军委连勤保障部队成立,单军种单装备的后勤保障体制宣告结束,我军后勤保障的信息化迫在眉睫。

后勤保障信息化就是通过信息技术与装备后勤保障研发、设计、生产、筹措、储备、供应、管理等各方面、各环节进行集成与融合,实现数据采集、传输、存储、处理、分析的数字化,构建集筹措、储备、供应、管理于一体的数字化系统平台,实现后勤保障信息自动化、管理网络化、决策智能化,提升装备全寿命周期内综合后勤保障的速度和精度。

本节不局限于军事行动下的后勤保障,将后勤保障信息化覆盖到装备的全寿命周期,涉及后勤保障的各个环节,因此,后勤保障信息化并不是一个简单的计算机应用问题,也不是单次军事行动下的资源调度问题。后勤保障信息化的内涵主要包含平时和战时两个方面(见图 7-1)。在平时,主要体现为基础数据、保养维修、备件保障、作战训练、勤务管理与综合管理等方面,其信息化过程主要体现在流程管理的电子化与各种资源信息的数字化。在战时,主要体现为资源筹措与调度、战场勤务管理以及指挥管理等方面,其信息化过程主要体现在信息集成化与指挥管理体系化、可视化。

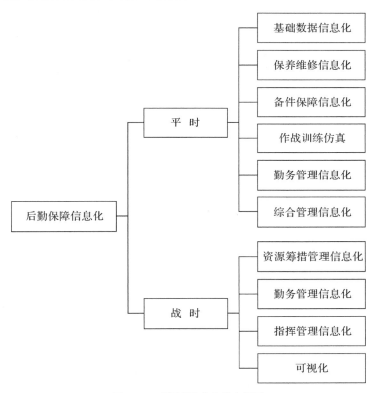

图 7-1　后期保障信息化内涵图

## 7.1.2　后勤保障信息化的特点与优势

### 1. 集成保障信息,显著提高保障效率

从美军正在进行的军事后勤革命可以看出,美军已经将信息视为保障能力的关键要素。准确、可靠、实时、充分的保障信息,不仅可以显著地提高保障效

率,而且可以使保障物资的储备量降低。针对平时长期战备到战时应用等的长寿命特点,只有信息技术的广泛应用才能涵盖不同寿命状态下不同环境特点的装备保障以及多源信息的有序储备。按照美军对未来军事保障的设想,大规模流动的不仅是保障物资流和保障人员流,更重要的是保障信息流。美军认为,在未来的保障系统中将会出现基于网络信息技术的专门用于储存保障信息的"虚拟保障基地"。在对伊作战中,美英联军在装备保障指挥管理、物资器材供应、装备维修等方面都大量应用了信息技术。装备保障信息采集、存储、传输、处理、使用、反馈的一体化和自动化程度都有了较大提高。装备保障资源与需求完全透明,装备保障决策、指挥、控制水平大大提高,实现了装备保障的实时、精确和高效。

**2. 精准预测保障需求,优化物资储备**

在现代信息化战争中,由于战场透明度高,武器杀伤精度高,对保障力量的生存造成了严重的威胁。在这种情况下,继续维持大规模的保障力量和活动,必然成为敌人的重要打击目标,造成保障人员和物资的重大损失。实现战场数字化以后,保障部门可随时了解战斗部队的需求,并通过计算机模拟,预测未来24~48h内的保障任务量。保障指挥人员也可以通过数字化网络系统,准确掌握物资储备情况和保障部队的部署情况,并可对后勤保障过程进行实时监控。因此,在未来的保障中,信息、保障部队和运输手段将融为一体,利用自动化补给网络系统跟踪监测作战部队对各种物资的动态要求,并将所需物资和勤务及时、准确地送到各战略、战役和战术单位。通过网络,保障部门不但可以了解前方的物资消耗情况,而且可以找出最短的运输路线和最快的运输手段,不仅如此,保障部门还可随时协调作战部队周围的后勤补给基地,实现通用物资的补给。

**3. 转变保障方式,实现精确保障**

长期以来,美军的保障物资供应方式,除了在条件允许时部分利用当地资源,即所谓就地筹措方式外,主要采用后方供应方式。以后方供应方式为主的保障系统是以反应性的物资补给为基础的系统,这种系统依赖在固定的保障梯次中储备大量物资,并根据部队的申请由各保障梯次逐级向前供应,以满足作战部队的需要。这种被动的保障无法精细而准确地筹划、建设和运用装备保障资源,更不能在准确的时间、准确的地点为部队提供准确数量的装备物资和高质量的装备技术保障。为改变这一状况,美军提出将传统的被动补给型保障转变为主动配送型保障的目标。美军设计的以物资配送为基础的保障系统主要是通过利用信息技术,实现全资产的可视性,并根据精确预测作战部队的需求,采取从起点直达战斗部队的补给方式,通过灵活调遣物资资源,以很少的库存品和灵活的保障设施,在需要的时间和需要的地点将物资主动配送给作战部队。美军指出,"配送型保障"不只是增加供应链中的运输量,也不仅仅是改善供应链的运行速度,而是以有效管理的动态物资流取代固定的库存物资,以物流的速度取代物资数量的一种全新保障方式。

## 7.1.3 无人系统信息化

近年来,无人平台及其应用已经遍布陆、海、空、天、赛博空间、电磁频谱等所有域。美国自 2007 年就开始将空、海、陆各类无人系统集成在统一的发展规划中至 2013 年,美国国防部(DoD)前后发布了 4 版《无人系统(一体化)路线图》。这里的无人系统涵盖了空中无人飞行器、地面无人设备、海上无人航行器,而无人机仅是无人系统中的一个组成单元。因此,无人系统包含的装备体系贯穿空、天、地、海,其涉及的后勤剖面更加丰富,信息化体系范围和要求更加全面。

(1)无人系统保障力量信息化

为适应 21 世纪信息化战争空间多维化、节奏快速化、进程短促化特征,无人系统多元保障力量联合保障的方式在作战中将得到广泛运用。将战场信息、后勤需求和运输力量集成到统一的信息系统中,有利于根据战场需要跟踪并配置后勤保障资源,并将特定后勤物资和给养直接分发到各战略、战役及战术单位,及时为作战部队提供后勤支持。同时,信息技术使用将极大地提高陆、海、空运输和预置能力,减轻部署压力,扩大系统供给范围,延长供给时间。这一切使得联合作战部队更加灵活、多能,从而有力提升其应急机动作战能力。

(2)后勤保障组织指挥自动化

为确保实现后勤精确保障目标,后勤保障组织指挥的控制权提高到战役和战略层次。这一变化在海湾战争时已经显现。海湾战争中,美军对后勤实行了集中统一的指挥。在总部一级,后勤指挥由参谋长联席会议后勤部负责;在战区一级,由以美军中央总部后勤主官为首的中央总部后勤部统一负责,其职责是指挥、协调战区各军兵种的后勤工作。以信息技术为基础的后勤指挥,可以构建高度自动化的后勤指挥与控制系统,可以实现多军兵种在后勤组织以及指挥方面的高度集中统一,既可防止令出多门,又可与作战指挥相一致,极大提高后勤决策的科学性和效率。

(3)后勤保障方式革命化

超越传统的层层申请配送的被动保障方式,后勤保障实现主动、越级、直达配送,是信息化战争在军队后勤保障方式上的一次革命性转变。采用现代企业

的价值链概念,将后勤保障相关资源(如地方军需物资生产厂家、战略后勤机构、战役或战区后勤体系、负责直接保障的战术后勤单位以及具体的后勤保障人员)统一纳入信息体系,可随时了解作战需求和保障动态,实现实时精确管理和指挥后勤物资按需配送,极大提高保障效率。

相比传统的被动保障,信息化保障的优势体现在几个方面:在管理上,以动态的物资流代替静态的物资储备,以物流的速度取代物资数量;在运输上,将以直达运送代替逐级前送,利用一体化的联运系统实现对战场用户的直达运送;在服务上,以主动配送保障代替被动的请领保障,通过精心安排的一揽子后勤干预措施,弥补战备方面可能存在的不足。

(4)后勤保障物资筹措社会化

信息化可以构建后勤保障物资的社会信息网络,实现国家和军队的资源集中管控,发挥社会整体保障的优势,确保后勤保障物资能满足战时需求。靠单一的后勤已经无法打赢未来战争,必须大力扩充后勤保障物资来源,建立完善社会化信息网络,集中军队后勤、地方后勤和国家后勤等保障资源,整合军民物资供应、交通运输、医疗救护、工程抢建抢修等社会资源,一方面为部队战时随时提供补给,另一方面,可优化整合各种资源,为地方的各种保障需求提供资源,实现平战结合,可以大大减少重复建设和资源浪费,实现资源共享。

美军的实践已大有成效。美国国防部建成的 TAV 网络,可以监视及指挥 27 万个集装箱,可随时调配军备物资到 40 多个国家的 400 多个地方。近几年,美军通过社会化信息网络,在减少 60% 的后勤保障力量、缩减 50% 的仓库的同时,通过地方后勤保障资源力量,还能成倍增加后勤保障任务。

(5)后勤保障单元多元化

现代多元化的战场需求,少不了灵巧快速的小型、多能、模块化的快速机动伴随保障力量,否则无法在快速机动和先发制敌的信息化战场上取得主动。美军在伊拉克战争中,已通过小型多能的模块化后勤取得了显著的成果:第 3 机步师、第 82 空降师通过快速机动能力掌握了主动权。未来轻型化、小型化、多功能化、模块化的保障单元,将遍布整个战场并形成网络化的后勤部署,可以在需要时随时组合,形成具备实时综合保障能力的立体交互的组织指挥网络、物资供应网络、技术保障网络系统。

(6)后勤保障系统立体可视与机动化

现代信息化局部战争可能规模不大,但其战场范围宽广、作战机动性空前增强。为确保保障动态机动能力,需要解决好机动保障的运用时机、力量编组和组织指挥等相关问题,后勤保障全资产全过程可视化成为必然。开发运用可视性物资储运系统、可部署远程医疗系统、快速补给系统等,迅速提高后勤动态机动保障能力。

信息网、运输网是现代后勤建设不可或缺的两大支柱。无缝链接的信息网,正成为控制后勤保障的"神经中枢",立体联运的运输网正成为实施主动配送的"基本载体"。信息网和运输网越来越紧密的融合,提供了实施可视立体机动保障的手段,构成了组织灵活高效后勤保障的基础,也是后勤保障方式演进的决定性因素。

# 7.2 后勤保障信息系统

## 7.2.1 后勤保障信息系统架构

后勤管理既包括对后勤流程如运输、储存、维修、包装、装卸等的管理,也包括后勤设施、人力、制度、网络等方方面面的管理,流程长、因素复杂。后勤信息系统是利用现代管理科学和信息技术构建现代网络化的、可供各级用户直接使用的信息系统平台,平台通过数据信息管理与流程的优化控制,实现资金流、工作流和物流的高效整合,进行无人机后勤阶段的数字化运行与管理,为所有相关人员能够准确获取信息、快速反应并采取后勤保障措施提供工具保障。

按照后勤活动流程,信息系统主要可分为管理信息系统、专业信息系统以及信息基础设施三大类。管理信息系统是以后勤活动流程为核心的保障管理业务领域的各种综合管理系统,如日常管理、指挥管理、供应链管理、勤务管理等,主要由管理人员与领导决策人员使用;专业信息系统是包括后勤保障研发设计、生产制造、维修保障、模拟训练等各保障业务领域的应用系统,主要由业务专业人员使用。管理信息系统与专业信息系统通过数据平台与信息基础设施实现系统应用并进行系统间信息输入输出的有序传递(见图 7-2)。

此外,按照无人机系统的寿命周期划分,研发生产流程主要由供应商组织开展,这里称为上游阶段;使用保障流程主要由部队等用户单位组织进行,称为下游阶段。上下游间数据资源等的有序传递与积累需要明晰的信息交互与管理程序。

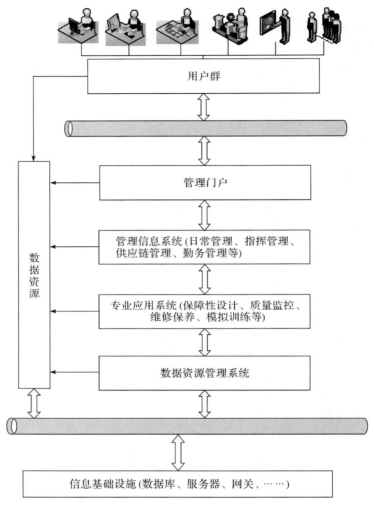

图7-2 后勤保障信息化系统架构

## 7.2.2 管理信息系统

　　管理信息系统的目的是保证与后勤保障相关的所有信息能实现高度共享和互联互通。管理信息系统要对设计、制造、供应、运输、检测维护等一系列后勤业务保障活动中的信息流进行流程优化,确保装备保障技术和管理信息的通畅、快捷、高效和准确,简化并协调各项业务活动,监控业务活动状态,保证快速反应,推动后勤保障决策,主动采取后勤保障措施,使信息的流通渠道与业务流程紧密集成。管理信息系统包括日常管理信息系统、指挥管理信息系统、勤务管理信息系统、供应链管理信息系统等。

1)日常管理信息系统,如办公系统、门户系统、数据资源管理系统等;

2)指挥管理信息系统,如指挥决策系统、应急指挥调度系统、维修决策管理系统等;

3)勤务管理信息系统,如军需勤务系统、运输勤务系统、油料勤务系统、卫生勤务系统、基建营房勤务系统以及财务勤务系统等;

4)供应链管理信息系统,如外部供应商物流管理系统、内部物流调度管理系统等。

## 7.2.3 专业信息系统

专业信息系统的目的是保证对后勤保障阶段的技术要求和水平能力进行数字化和自动化的评估与测试,发现薄弱环节,为保证全系统的性能与质量提供依据。专业信息系统主要包括质量监控信息系统、装备维修信息系统、实战化模拟训练系统等。

1)质量监控信息系统。它包括维修大纲/手册、维修操作步骤、自动检测系统、故障诊断系统、状态监控系统等。美军正在研制或试用的交互式电子技术手册、嵌入式传感器故障诊断设备、涡轮式发动机故障诊断系统都是利用信息技术实现智能化检测诊断的设备。

2)装备维修信息系统。按照维修活动参与的级别,可分为三个层次:基层检测换件级、中继报修管理级以及基地修理级。各级的核心都是检测和维修集成软件,包括检测模型、维修方法模型、维修级别预测、维修信息收集系统等。不同级别的维修可按权限通过管理系统的审批流转管理流程进行。维修信息系统要与质量监控信息系统和维修决策管理系统等建立信息输入输出接口,确保相关信息的及时、有序流动。

3)实战化模拟训练系统。后勤实战化训练保障是着眼未来信息化条件下作战样式、后勤保障模式的需要,综合运用信息、仿真、网络和人工智能等现代科学技术,构建与之相适应的训练知识、技术、环境、物质、信息保障体系,形成军事训练信息系统、模拟训练系统等,切实提高后勤实战化训练保障效益和水平。

### 7.2.4　信息基础设施

　　信息基础设施本身是信息技术应用的重要方面之一,分两类:一类是信息系统运行基础设施,主要指网络、服务器、数据库、存储、灾备、信息安全、机房场地、用户桌面等硬软件设施/系统;另一类是与各数据源配套的基础设施,如数据自动采集系统、数字化仪器仪表等。信息基础设施是信息化体系架构的支撑基础,是管理信息系统和专用信息系统等应用系统运行的基本环境,各种硬件组成信息化架构的躯体,整体网络就是信息化架构的血管和神经系统,信息在信息网络流动的过程中实现价值。

# |7.3　数据信息|

## 7.3.1　数据源现状

　　装备保障性分析,需要大量的源数据作为输入数据。数据源包括以下几种:

　　1)背景数据。如有关型号产品的任务和功能需求、初步的保障和使用方案、战备完好性和保障性要求等。这类数据可从战技指标论证书和方案论证书中获得。

　　2)研发数据。主要为承制单位所研制无人机系列产品的历史经验数据,包括设计过程数据,如"六性"分析、FMECA 等;各类试验信息,包括测试与装配、湖海试验、环境适应性试验、可靠性试验、测试性试验等;各类故障与改进研制数据等。该类数据对在研系列产品具有一定的继承性。

　　3)质量与可靠性数据。主要为航空装备质量与可靠性信息中心等机构收集的有关现役型号产品的质量与可靠性信息、国内外文献中的相关资料和数据等。

　　4)使用数据。主要为保障系统各要素现状数据,包括使用部门对现行产品的各种保障与使用文件资料,以及未来使用和保障的一些政策性规定等。

　　这些数据反映了无人机系统保障能力相关的方方面面信息,时域、地域都相当广泛,数据内容也非常丰富,仅以无人机系统的长期储存过程为例,数据内容至少包含以下几个方面:

　　1)故障时设备的储存条件。是否有定期维修、维修周期、操作人员及技术熟练程度、维修是否适当、润滑是否合适、润滑剂是否洁净、储存环境条件(温度、湿度、振动、电磁、污染等等)。

2)故障前设备的制造史和服役史。故障件材料情况:强度参数、硬度参数,加工情况,热处理情况,服役情况:已服役年限、规定服役年限、是否有过损伤情况(腐蚀、老化、脱层、断路)、是否进行过更换等。

3)故障时性能分析。如力学分析:广义应力、广义强度,老化性能分析等。

4)故障模式。记录故障件的详细故障状态与模式。

5)故障机理。机械、电器机械零部件的故障机理通常有蠕变或应力断裂(S)、腐蚀(C)、磨损(W)、冲击断裂(I)、疲劳(F)、热(T),简称 SCWIFT 分类。即使是同一应力,也能够同时诱发两个以上的故障机理,如湿度应力既可促使表面氧化、电器特性退化,又可使结构强度下降。

从信息来源上讲,信息资源包括内部数据/信息和外部数据/信息,信息资源的开发利用是信息化的核心内容。信息化的其他方面均直接或间接服务于信息资源的获取、加工、存储、传播、共享和开发利用。

由于无人机的研发还处于发展阶段,数据基础相对薄弱,在许多情况下传统的方法已经严重制约了可用性水平。如果没有有效的数据支撑,就不能区别不同参数与模型的适用条件,就会缺乏知识的有序积累与模型有效性的支撑,前面提到的任何一种先进的后勤保障方法或工具,都无法对无人机的后勤保障起到应有的作用。

面对未来信息化战争的强大压力,在空前广阔的战场上,空军装备保障部门要想对上百万种物资进行科学的调配与补充,绝非人力脑力所能及。如果要搜索某架飞机上的一件航材的位置和数量需要短短一两秒内得到答复时,那么,所涉及的定位、资料检索、存取、数据交换等一系列动作是何等的复杂,而这一系列动作都需要由"大数据"所支撑。包括美国在内,通常是按照作战评估系统要求或紧急需求制定采购计划,任务急,相关方往往疲于完成任务而不能充分兼顾成熟度和可持续性,更没有数据的有序积累策略,包括数据记录传感器、性能数据以及用于理论探索研究的各种数据,导致大量无序和低效的数据,无法提供对系统 RAM 验证的数据支撑,这对系统可用性和可承受性能力造成极大影响。要想实现精确化装备保障,必须充分运用大数据技术,在准确的时间、地点为部队提供数量、质量准确的物质技术保障。

## 7.3.2　数据质量问题

信息资源管理的首要任务是确保数据源头的唯一,通过源数据采集的数字化、自动化和网络化确保源头采集的数据/信息真实、准确、完整、及时;只有这样

数据/信息才能成为信息化体系架构的血液,通过应用系统充分发挥作用。然而,数据在经历人员交互、计算、传输等操作过程中,每一环节都可能引入错误,导致数据质量问题,产生数据异常。信息系统中数据质量的问题并不会突然之间显现出来,很多是历史遗留问题,加上一些主观或客观因素所造成的,如信息系统平台的不一致、开发工具的技术缺陷、缺乏规范的操作流程和标准、数据处理人员水平的差异、设计时没有提供有效的合理的数据更新维护途径和组织缺乏数据质量监督管理措施等等。

## 1. 数据质量问题的来源

目前对于数据质量的定义还没有一个统一的认识。针对不同用途的数据,人们对数据质量的定义不尽相同。这里认为数据质量是指数据的固有特性符合具体领域客观发展规律的程度。在其全寿命周期内,数据信息既要有反映客观实际的固有特征,还要有时间相容性特性,这两方面特性能力的强弱直接反映其质量水平。在数据库建库和数据资源收集过程中,数据处理和数据应用两个阶段是引起数据质量问题的主要来源。

（1）数据录入（更新）错误

当录入人员从声音中提取信息,或依据书写、打印资料源键入数据时,由于印刷错误或对原始数据资料的曲解,造成数据录入错误;其次,当录入人员不知道正确值时,经常编造一个容易输入的默认值,或他们认为的典型值录入,通过引入"脏数据"以达到所谓的伪完整性（Spurious Integrity）,这样的数据通常可以通过数据输入系统的初步数据完整性测试,而在数据库中没有事实上无意义或异常的迹象,具有相当的隐蔽性;再次,软件缺陷也可造成数据异常,如删除某条记录时,没有删除与其关联的记录,而又进行添加操作引起的错误。

（2）测量错误

测量错误不包括测量工具本身的问题,主要指两种人为引入的数据异常。一是无意的人为错误,例如方案问题（如不合适的调研和采集策略等）,以及方案执行中的问题（如测量工具误用等）;二是有意的人为舞弊,即出于某种不良意图的造假,如虚报故障情况、夸大装备完好率等,这类数据可以直接导致信息系统决策错误,造成严重后果。

（3）简化错误

许多情况下,原始数据入库之前需要预处理和简化,这一过程中多种操作可以导致信息损失;比如减少原始数据复杂性或噪声,执行数据库管理员所不了解的预统计分析,经常使用的一些编辑偏好,以减少数据占用存储空间为目的的简单处理（如数据稀化）。以上操作导致在入库的简化数据中,或与简化相关的最终分析中产生错误风险,造成数据质量下降。

（4）数据集成错误

在数据库建立过程中,将多个数据源中的数据并入一个数据库是常见的操作,这种数据集成任务需要解决数据库之间的不一致或冲突问题,在实例级主要为相似重复问题,在模式级主要是命名冲突和结构冲突。文献将各数据源之间的不一致和冲突视为数据质量问题,其实,在没有事先约定的情况下（这种情况是常见的）,多数据源之间的冲突和不一致的存在是正常的,合并过程中解决这些不一致和冲突是数据集成过程中必要的也是正常的操作步骤,属于数据 ETL（Data Extraction,Transformation and Loading）的内容。问题是为解决多数据源之间的不一致和冲突,在基于多数据源的数据集成过程中可能导致数据异常,如不一致和冲突的解决不彻底,甚至引入新的异常,再如冲突记录的误识别,因此,数据集成是数据质量问题的一个来源,而数据集成本身（如 ETL）应视为数据生产过程的正常操作。无人机系统的数据信息,大量存在着小样本和多元信息的数据,关于小样本数据的分析,金星、唐雪梅、张守玉等提出了如蒙特卡罗,Bootstrap 方法、灰色参数估计、加权最小二乘法、相关函数法等数据分析与评估方法,关于多元数据处理张恒喜等提出了偏最小二乘回归分析、方差分量线性模型、贝叶斯统计分析方法等。

（5）数据应用过程的质量问题

与测量和数据收集一样,许多数据质量问题与特定的应用和领域有关。如在统计学和实验科学,强调精心设计实验来收集与特定假设相关的数据。因此数据质量问题也可以从应用角度考虑,如时效性（如果数据已经过时,则基于它的模型和模式也过时）、相关性（若不能直接或间接通过其他属性得到关于材料等的背景信息,则模型的精度可能有限）以及关于数据的知识（描述数据的文档质量,如遗漏数据、数据精度、特征类型、测量刻度）等,表达为"如果数据能适合预期的应用即是高质量的"。

### 2. 数据质量的影响因素

数据质量的影响因素众多。文献中涉及的因素包括主观因素、客观因素;宏观因素、微观因素;技术性因素、非技术性因素。从前面数据质量问题的来源中可以看出,影响数据质量的因素主要有数据获取过程中所采取的各种技术处理方法以及人对数据的处理方法。以下按照两种方式对数据质量影响因素进行分析。

首先,按照技术因素和非技术因素两个方面给出技术、方法、设备以及人为因素等对数据质量影响的分析。

（1）技术性影响因素

技术性的因素包括数据获取方法，处理和分析方法等。毫无疑问，这些技术性因素如果出现偏差肯定是会影响的数据质量。在研究数据质量的影响因素方面，国外学者将主要的研究精力都放在技术性因素方面，也就是数据在获取、处理过程中所使用的方法和技术对数据质量会产生怎样的影响。我们认为，凡是与数据的生产过程相关的方法和技术方面的因素，包括分析技术、设备筛选原则、试验技术、试验方法、数据获取方法、数据处理方法、数据分析方法、数据编辑方法等，都称为技术性因素。

此外，针对技术实施所采用的软硬件设备也是对数据质量产生影响的因素。如测量仪器不准确是产生系统误差的一个主要原因。而且，软件缺陷也可造成数据异常，如删除某条记录时，没有删除与其关联的记录，而又进行添加操作引起数据录入（更新）错误。

（2）非技术性影响因素

人为因素是非技术影响因素中的重要因素。从人们的行为划分，影响数据质量的因素有无意识的行为和有意识的行为。无意识的行为主要指由于人们的认识水平、工作方式和手段、管理体制、统计制度、统计方法的限制，影响数据的质量。有意识的行为是有人为了某种目的和需要，有意识地、故意地制造虚假数据影响数据质量。除了上述因素外，还可能发生错误。错误的发生多数是由于工作中人的粗心大意造成的。错误的存在破坏了观测结果的可靠性，致使返工造成浪费，工作中应竭力避免。

此外，从数据产生、收集、整理、记录和使用的寿命周期来看，影响数据质量的因素来源于数据产生、处理和应用等寿命周期的各个过程。

1）数据产生过程的影响因素。科学数据一般是由科学试验和理论计算获得，在其产生过程中，试验的原理或方法、使用的试验设备、原始信息采集与记录仪器的精密度、数据分析的理论方法成熟度、试验标准、内外部的环境条件以及数据产生过程中的人为因素，均会对数据产生过程客观性、真实性和准确性产生影响。

2）数据处理过程的影响因素。数据处理过程是将不同时期、不同领域研究所形成的成果形成数据知识的过程，包括数据的收集、整理和记录过程。在数据收集过程中，数据来源的客观性、数据内容的代表性、数据记录格式的规范性等都会对数据的质量产生影响。在数据整理过程中，技术缺陷、方法不足和人为因素等会影响数据的准确性和完整性。在数据记录过程中，由于技术、方法和软件等方面的缺陷以及人为因素的影响，可能产生数据录入（或更新）错误、测量工具错误、简化错误、数据集成错误等数据质量问题。

3）数据应用过程的质量因素。在数据的应用过程中，数据要按照一定的规则和要求进行流动。因此，数据服务的快捷性、安全性以及数据管理的有效性是影响数据应用质量的主要因素。

## 7.3.3　数据质量评估

### 1. 数据质量特征分析

依据以上对于数据质量问题来源与影响因素的分析可以看出，数据的质量影响因素具有多层次、多维度的特征。参照 Richard Y. Wang 等在 1996 年确立的 4 类共 15 个数据质量维度的框架以及在 2002 年提出的 16 个质量维度的框架，本节从数据应满足使用需求的命题出发，结合数据的全寿命周期概念，提出数据质量影响因素的 4 类 13 个质量维度的框架（见图 7 - 3）。

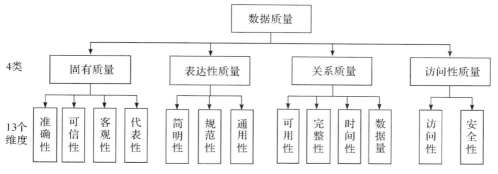

图 7 - 3　数据质量维度框架

本框架含固有质量、表达性质量、关系质量和访问性质量 4 个质量类。固有质量指数据自身应具有的质量，包括数据的客观性（数据不受人为因素影响的程度）、可信性（数据内容真实、可靠的程度）、准确性（数据精确的程度）和代表性（数据反映其表述内容的程度）4 个质量维度；关系质量指具体科学研究中要求数据应具有的质量，包括数据的可用性（数据能否适合于当前需求的程度）、完整性（数据深度和广度满足当前需求的程度）、时间性（数据时效的程度）以及数据量（数据量满足当前需求的程度）4 个数据质量维度；表达性质量指数据在记录、存储过程中应具备的表述能力，包括简明性（简短而明确表述数据的程度）、规范性（数据满足要求格式的程度）、通用性（数据满足于不同用途的程度）3 个质量维度；访问性质量指数据在应用过程中应具有的质量，包括访问性（方便快速地

获取数据的程度)和安全性(安全存取数据的程度)2个质量维度。

综合数据质量因素及其特征可以看出,数据质量是一个系统的概念,不同的数据质量及其维度可能与不同的数据生命过程有关,全部数据质量的因素共同作用形成数据的整体质量水平。

### 2. 数据质量综合评判方法

(1)确定因素体系

以数据质量水平为目标,将影响数据质量水平的各因素按照属性不同分组,每一组作为一个层次,按照最高层——数据质量评判目标 $q$,第一层——质量类评判因素 $q_i$($i = 1,2,3,4$),记作 $Q = (q_I, q_R, q_C, q_A)$。

第二层——维度质量评判因素 $q_{ij}$($i = 1,2,3,4$,$j = 1,2,3,\cdots,m$),记作 $Q_i = (q_{i1}, q_{i2}, \cdots, q_{im})$,即 $i = 1$ 时,$q_I = (q_{Ia}, q_{Ib}, q_{Io}, q_{Ir})$;$i = 2$ 时,$q_R = (q_{Rb}, q_{Rs}, q_{Rg})$;$i = 3$ 时,$q_C = (q_{Cv}, q_{Cc}, q_{Ct}, q_{Cdr})$;$i = 4$ 时,$q_A = (q_{Aa}, q_{As})$。

第三层——寿命周期质量评判因素 $q_{ijk}$($i = 1,2,3,4$,$j = 1,2,3,\cdots m$,$k = 1,2,\cdots,5$),记作 $Q_{ij} = (q_{ij1}, q_{ij2}, \cdots, q_{ij5})$,则 $q_{Ia} = (q_{p\ Ia}, q_{c\ Ia}, q_{d\ Ia}, q_{r\ Ia}, q_{u\ Ia})$,$q_{Ib} = (q_{p\ Ib}, q_{c\ Ib}, q_{d\ Ib}, q_{r\ Ib}, q_{u\ Ib})$,$\cdots$,$q_{Rb} = (q_{p\ Rb}, q_{c\ Rb}, q_{d\ Rb}, q_{r\ Rb}, q_{u\ Rb})$,$\cdots$,$q_{Cv} = (q_{p\ Cv}, q_{c\ Cv}, q_{d\ Cv}, q_{r\ Cv}, q_{u\ Cv})$,$\cdots$,$q_{Aa} = (q_{p\ Aa}, q_{c\ Aa}, q_{d\ Aa}, q_{r\ Aa}, q_{u\ Aa})$,$q_{As} = (q_{p\ As}, q_{c\ As}, q_{d\ As}, q_{r\ As}, q_{u\ As})$。

第四层——具体寿命过程质量评判因素 $q_{ijk}$($i = 1,2,3,4$,$j = 1,2,3,\cdots,m$,$k = 1,2,\cdots,5$,$l = 1,2,\cdots,n$),记作 $Q_{ijk} = (q_{ijk1}, q_{ijk2}, \cdots, q_{ijkn})$,即 $q_p = (q_{p1}, q_{p2}, \cdots, q_{p6})$,$q_c = (q_{c1}, q_{c2}, \cdots, q_{c5})$,$q_d = (q_{d1}, q_{d2}, \cdots, q_{d5})$,$q_r = (q_{r1}, q_{r2}, \cdots, q_{r5})$,$q_u = (q_{u1}, q_{u2}, \cdots, q_{u5})$。

这样,按照不同层次的形式排列,构成了五层次综合评判的因素体系(见图 7-4)。

(2)确定因素权重矩阵

从数据质量影响因素体系来看,数据质量的影响因素较多。从层间关系分析,下一层因素的质量直接影响其上一层对应因素的质量,但不同因素对上一层质量的影响程度不同,而且即使是同一种因素,对数据总体质量水平的影响程度也不同。为了反映各因素对于评判目标具有的不同重要程度,在每一质量层内,对各因素均赋予一个相应的权重 $w$,由此形成不同层次的权重矩阵:$Q$ 的权重矩阵 $W = [w_1, w_2, w_3, w_4]$,$Q_i$ 的权重矩阵 $w_i = [w_{i1}, w_{i2}, \cdots, w_{im}]$,$Q_{ij}$ 的权重矩阵 $w_{ijk} = [w_{ij1}, w_{ij2}, \cdots, w_{ij5}]$,$Q_{ijk}$ 的权重矩阵 $w_{ijkl} = [w_{ijk1}, w_{ijk2}, \cdots, w_{ijkn}]$。

针对具体的数据,需要结合数据产生实际过程中的技术水平现状、科学认识与理论现状、学术风格与修养传承等领域科学发展的整体水平与数据产生的具

体环境条件来确定其权重。以数据的固有质量类为例,对其数据质量维度的权重分配理解如下:

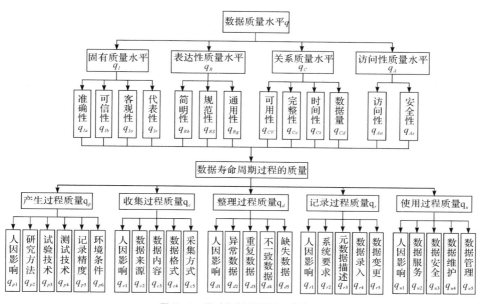

图7-4 影响数据质量的因素体系

数据准确性:描述数据是否与其对应的客观实体的特征相一致,吻合度越高,准确性就越高,完全不一致即为错误数据。数据准确性主要由数据产生过程决定,因此,在评估 $q_{Ia}$ 的水平值时,将权重系数主要分配 $q_p$,即重点关注 $q_p$ 及其相关因素的重要度即可。

数据可信性:当无法判断已知信息是否正确和客观的时候,通过其他因素,比如常识、经历、承诺等来判断信息的可信程度,因此数据信息是否真实和可靠应作为可信性评判的标准。主要由数据收集、整理和记录的过程决定。所以,在评估 $q_{Ib}$ 的水平值时,首先要对 $q_c$,$q_d$ 和 $q_r$ 赋予较大的权重系数,其次还要对它们下一层的因素及重要度进行分析,以确定各自最佳的权重值。

数据客观性:如果按事物的本来面目去考察,与任何个人感情、偏见或意见都无关,表示数据是完全客观的。因此,数据客观性主要受人为因素的影响,与数据产生全过程的人为因素有关。所以,在评估 $q_{Io}$ 的影响水平值时,要赋予 $q_{p1}$,$q_{c1}$,$q_{d1}$,$q_{r1}$,$q_{u1}$ 较大的权重系数。

数据代表性:数据产生的任何一个环节都会对数据的代表性产生影响,因此数据代表性与数据产生的全过程有关,但主要受到数据产生过程的影响。因此,

在评估 $q_{Ir}$ 的水平值时,要对其相关各层内的因素进行权重分配,并给予 $q_p$ 较大的权重指标。

在因素体系的第二、三和四层,针对具体的质量因素,可以采取对其下一层所有相关因素比较分析来进行权重分配,可以采用专家评判法进行权重打分。各层的权重系数要满足 $w \in [0,1]$,$\sum w = 1$。

(3)建立综合评判模型

从图 2 可以看出,数据质量水平的影响因素可以按照质量特征、质量纬度、影响过程以及具体影响因素等不同的数据质量属性进行逐层分解,因此可以采用层次分析法建立数据质量的评估模型。

第一层

$$q = \sum_{i=1}^{4} (q_i w_i)$$

$$\boldsymbol{QW} = [q_I \ q_R \ q_C \ q_A][w_1 \ w_2 \ w_3 \ w_4]^{\mathrm{T}} \qquad (7-1)$$

第二层

$$q_i = \sum_{j=1}^{m} (q_{ij} w_{ij})$$

$$\boldsymbol{Q_i W_i} = [q_{i1} \ q_{i2} \ \cdots \ q_{im}][w_{i1} \ w_{i2} \ \cdots \ w_{im}]^{\mathrm{T}} \qquad (7-2)$$

即对于每一个质量类,评估模型为

$$\boldsymbol{q_I} = [q_{Ia} \ q_{Ib} \ q_{Io} \ q_{Ir}][w_{11} \ w_{12} \ w_{13} \ w_{14}]^{\mathrm{T}}$$

$$\boldsymbol{q_R} = [q_{Rb} \ q_{Rs} \ q_{Rg}][w_{21} \ w_{22} \ w_{23}]^{\mathrm{T}}$$

$$\boldsymbol{q_C} = [q_{Cv} \ q_{Cc} \ q_{Ct} \ q_{Cdr}][w_{31} \ w_{32} \ w_{33} \ w_{34}]^{\mathrm{T}}$$

$$\boldsymbol{q_A} = [q_{Aa} \ q_{As}][w_{41} \ w_{42}]^{\mathrm{T}}$$

第三层

$$q_{ij} = \sum_{k=1}^{5} (q_{ijk} w_{ijk})$$

$$\boldsymbol{Q_{ij}} = [q_{ij1} \ q_{ij2} \ q_{ij3} \ q_{ij4} \ q_{ij5}][w_{ij1} \ w_{ij2} \ w_{ij3} \ w_{ij4} \ w_{ij5}]^{\mathrm{T}} \qquad (7-3)$$

即对于每一个质量维度,评估模型为

$$\boldsymbol{q_{Ia}} = [q_{p_{Ia}} \ q_{c_{Ia}} \ q_{d_{Ia}} \ q_{r_{Ia}} \ q_{u_{Ia}}][w_{111} \ w_{112} \ w_{113} \ w_{114} \ w_{115}]^{\mathrm{T}}$$

$$\boldsymbol{q_{Ib}} = [q_{p_{Ib}} \ q_{c_{Ib}} \ q_{d_{Ib}} \ q_{r_{Ib}} \ q_{u_{Ib}}][w_{121} \ w_{122} \ w_{123} \ w_{124} \ w_{125}]^{\mathrm{T}}$$

$$\boldsymbol{q}_{Io} = \begin{bmatrix} q_{p_{Io}} & q_{c_{Io}} & q_{d_{Io}} & q_{r_{Io}} & q_{u_{Io}} \end{bmatrix} \begin{bmatrix} w_{131} & w_{132} & w_{133} & w_{134} & w_{135} \end{bmatrix}^T$$

$$\boldsymbol{q}_{Ir} = \begin{bmatrix} q_{p_{Ir}} & q_{c_{Ir}} & q_{d_{Ir}} & q_{r_{Ir}} & q_{u_{Ir}} \end{bmatrix} \begin{bmatrix} w_{141} & w_{142} & w_{143} & w_{144} & w_{145} \end{bmatrix}^T$$

$$\boldsymbol{q}_{Rb} = \begin{bmatrix} q_{p_{Rb}} & q_{c_{Rb}} & q_{d_{Rb}} & q_{r_{Rb}} & q_{u_{Rb}} \end{bmatrix} \begin{bmatrix} w_{211} & w_{212} & w_{213} & w_{214} & w_{215} \end{bmatrix}^T$$

$$\boldsymbol{q}_{Rs} = \begin{bmatrix} q_{p_{Rs}} & q_{c_{Rs}} & q_{d_{Rs}} & q_{r_{Rs}} & q_{u_{Rs}} \end{bmatrix} \begin{bmatrix} w_{221} & w_{222} & w_{223} & w_{224} & w_{225} \end{bmatrix}^T$$

$$\boldsymbol{q}_{Rg} = \begin{bmatrix} q_{p_{Rg}} & q_{c_{Rg}} & q_{d_{Rg}} & q_{r_{Rg}} & q_{u_{Rg}} \end{bmatrix} \begin{bmatrix} w_{231} & w_{232} & w_{233} & w_{234} & w_{235} \end{bmatrix}^T$$

$$\boldsymbol{q}_{Cv} = \begin{bmatrix} q_{p_{Cv}} & q_{c_{Cv}} & q_{d_{Cv}} & q_{r_{Cv}} & q_{u_{Cv}} \end{bmatrix} \begin{bmatrix} w_{311} & w_{312} & w_{313} & w_{314} & w_{315} \end{bmatrix}^T$$

$$\boldsymbol{q}_{Cc} = \begin{bmatrix} q_{p_{Cc}} & q_{c_{Cc}} & q_{d_{Cc}} & q_{r_{Cc}} & q_{u_{Cc}} \end{bmatrix} \begin{bmatrix} w_{321} & w_{322} & w_{323} & w_{324} & w_{325} \end{bmatrix}^T$$

$$\boldsymbol{q}_{Ct} = \begin{bmatrix} q_{p_{Ct}} & q_{c_{Ct}} & q_{d_{Ct}} & q_{r_{Ct}} & q_{u_{Ct}} \end{bmatrix} \begin{bmatrix} w_{331} & w_{332} & w_{333} & w_{334} & w_{335} \end{bmatrix}^T$$

$$\boldsymbol{q}_{Cd} = \begin{bmatrix} q_{p_{Cd}} & q_{c_{Cd}} & q_{d_{Cd}} & q_{r_{Cd}} & q_{u_{Cd}} \end{bmatrix} \begin{bmatrix} w_{341} & w_{342} & w_{343} & w_{344} & w_{345} \end{bmatrix}^T$$

$$\boldsymbol{q}_{Aa} = \begin{bmatrix} q_{p_{Aa}} & q_{c_{Aa}} & q_{d_{Aa}} & q_{r_{Aa}} & q_{u_{Aa}} \end{bmatrix} \begin{bmatrix} w_{411} & w_{412} & w_{413} & w_{414} & w_{415} \end{bmatrix}^T$$

$$\boldsymbol{q}_{As} = \begin{bmatrix} q_{p_{As}} & q_{c_{As}} & q_{d_{As}} & q_{r_{As}} & q_{u_{As}} \end{bmatrix} \begin{bmatrix} w_{421} & w_{422} & w_{423} & w_{424} & w_{425} \end{bmatrix}^T$$

第四层

$$\boldsymbol{Q}_{ijk} = \begin{bmatrix} q_{ijk1} & q_{ijk2} & \cdots & q_{ijkn} \end{bmatrix} \begin{bmatrix} w_{ijk1} & w_{ijk2} & \cdots & w_{ijkn} \end{bmatrix}^T \qquad (7-4)$$

对于每一个具体的寿命过程,可依据其所属的质量类、对应质量维度下的寿命过程以及过程因素进行权重分析与评估,确定权重系数后按照公式(4)建立具体寿命过程的质量模型。以数据产生过程对固有质量水平下准确性的质量评估为例,其评估模型为

$$\boldsymbol{q}_{p} = \begin{bmatrix} q_{p1} & q_{p2} & q_{p3} & q_{p4} & q_{p5} & q_{p6} \end{bmatrix} \begin{bmatrix} w_{1111} & w_{1112} & w_{1113} & w_{1114} & w_{1115} & w_{1116} \end{bmatrix}^T$$

通过对上述每一层质量因素及其评估模型的分析可以看出,对任何一个层次的任何一类因素,还可以分解出多个具体的影响因素集,而每个因素集又可以细分为多种因素。如此一层一层分解,就可以剖分出影响数据质量的所有因素。这里需要特别注意的是,对于数据产生的不同阶段,不同因素对于数据质量的影响程度会不同,而即使是同一种因素,针对不同数据质量特征,其对数据质量的影响程度也不尽相同。因此,通过层层分解,就可以确定各质量因素的评估模型,只要确定了最下层的质量水平和各质量因素的权重系数,就可以按照综合评估模型评估数据整体质量的水平。

## 7.3.4 数据分析模型

对于武器系统来说,其试验分析与评估是评定其战术技术性能和作战效能

的重要一环,其数据来源的共同特点是:数据量少,样本数通常为 $n<10$ 的小样本;具有多种分散的验前信息,如武器装备研制可使用的历史信息、研制过程中各分系统的试验信息、在不同研制阶段的试验信息以及仿真试验的信息等,体现为数据来源分散、测控方法多源。如果直接处理大样本数据的数理统计方法进行数据分析,会有相当大的误差,无法从中提取出样本的规律。为此,产生了许多小子样数据分析与参数估计方法(如 Bootstrap 以及 Bayes Boostrap 方法、灰色参数估计方法、加权最小二乘法融合历史数据的小样本参数估计方法等)、多源数据处理方法(如处理严重相关性的数据的偏最小二乘回归分析法、方差分量线性模型、贝叶斯统计分析方法、顺序主成份分析等)以及小样本数据融合等研究方法,具体方法模型及应用特点可参阅相关文献。本节重点针对是否有失效的数据给出几种参数估计方法。

### 1. 基于有失效数据求寿命分布参数的 MLE 法

可靠性评定的关键就是根据实测数据按经验分布(一般情况下机械产品寿命服从威布尔分布、电子产品寿命服从指数分布)进行分布参数拟合。按有无失效的情况区分,试验得到的数据有两大类:有失效和无失效数据。其中有失效数据的失效时间没有观测到,所观测到的是失效发生在某个时间区间内,即所谓的区间型数据。在寿命试验中,常见的有随机截尾的区间型数据(见表 7-1)。下面分别确定出单参数指数分布和双参数威布尔分布的极大似然函数(MLE)。

表 7-1 区间型数据

| 检测时间 $t_i$ | $t_1$ | $t_2$ | … | $t_k$ | $>t_k$ |
|---|---|---|---|---|---|
| 时间间隔 | $[0,t_1]$ | $[t_1,t_2]$ | … | $[t_{k-1},t_k]$ | $[t_k,\infty)$ |
| 失效数目 | $r_1$ | $r_2$ | … | $r_k$ | $n-r$ |
| 截尾数目 | $c_1$ | $c_2$ | … | $c_k$ | |
| 未失效数目 | $s_1$ | $s_2$ | … | $s_k$ | $n-r-c$ |

(1)单参数指数分布的极大似然函数

指数分布的寿命分布函数为

$$F(t)=1-e^{-\lambda t} \quad (t \geqslant 0) \tag{7-5}$$

其中,$\lambda>0$ 为失效率。

可得似然函数为

$$
\left.\begin{array}{l}
L = C \displaystyle\prod_{i=1}^{k} \big[F(t_i) - F(t_{i-1})\big]^{r_i} (1 - F(t_k))s \\[4mm]
C = \dfrac{n!}{(n-r)! \displaystyle\prod_{i=1}^{k} r_i!}
\end{array}\right\} \tag{7-6}
$$

则

$$
\ln L = \ln C + \sum_{i=1}^{k} r_i \ln\big[\mathrm{e}^{-\lambda t_i} - \mathrm{e}^{-\lambda t_{i-1}}\big] + \Big[n - \sum_{i=1}^{k}(r_i + c_i)\Big](-\lambda t_k) \tag{7-7}
$$

（2）双参数威布尔分布的极大似然函数

寿命分布函数 $F(t)$ 为

$$
F(t) = 1 - \exp\big[-(\tfrac{t}{\eta})^m\big] \quad (t \geq 0) \tag{7-8}
$$

式中 $m > 0$ 为形状参数，$\eta > 0$ 为特征寿命。

可得似然函数为

$$
L = C \prod_{i=1}^{k} \big[F(t_i) - F(t_{i-1})\big]^{r_i} \big[1 - F(t_k)\big]^s \tag{7-9}
$$

则

$$
\ln L = \ln C + \sum_{i=1}^{k} r_i \ln\big[\mathrm{e}^{-(\tfrac{t_{i-1}}{\eta})^m} - \mathrm{e}^{-(\tfrac{t_i}{\eta})^m}\big] + \Big[n - \sum_{i=1}^{k}(r_i + c_i)\Big]\ln\big[\mathrm{e}^{-(\tfrac{t_k}{\eta})^m}\big] \tag{7-10}
$$

### 2. 基于无失效数据求寿命分布参数的模糊加权最小二乘法

随着科学技术的发展，产品的质量不断提高，无失效数据的出现越来越多，特别是在小样本的事件中，由于所研究的储存失效率很低，结果就会有许多无失效数据。无失效数据是指对 $n_i(i=1,2,\cdots,k)$（包含随机截尾数目）个试验样品数进行 $k$ 次定时截尾试验，到试验结束时所有样品无一失效。对于无失效数据，如果用 MLE 法进行估计，与工程经验值偏差较大，可采用模糊加权线性回归模型进行参数估计。

设有 $k$ 组数据 $(x_i, y_i), i=1,2,\cdots,k$，利用基于最小二乘法的线性回归方程 $\hat{y} = \hat{A}x + \hat{B}$ 有

$$
\hat{A} = \frac{\displaystyle\sum_{i=1}^{k} x_i y_i - \sum_{i=1}^{k} x_i \sum_{i=1}^{k} y_i / k}{\displaystyle\sum_{i=1}^{k} x_i^2 - (\sum_{i=1}^{k} x_i)^2 / k} \tag{7-11}
$$

$$
\hat{B} = \bar{y} - \hat{A}\bar{x} \tag{7-12}
$$

$$\bar{y} = \sum_{i=1}^{k} y_i / k \quad \bar{x} = \frac{1}{k} \sum_{i=1}^{k} x_i \qquad (7-13)$$

设想用残差 $e_i$（观测值 $y_i$ 与估计值 $\hat{y}_i$ 的差值）的函数 $\mu_L(e_i)$ 来描述观测点数据 $(x_i, y_i)$ 对回归直线 $L$ 的隶属程度，且 $e_i$ 的分布服从正态分布

$$N\left\{0, \left[1 + \frac{1}{k} + \frac{(x_i - \bar{x})^2}{\sum_{j=1}^{k} (x_j - \bar{x})^2}\right] \sigma^2\right\}$$

在 $[0, \infty)$ 区间内，$\mu_L(e_i) \in [0, 1]$，且满足：$e_i \to 0$ 时，$\mu_L(e_i) = 1$；$e_i \to \infty$ 时，$\mu_L(e_i) = 0$。

$$\mu_L(e_i) = 2 \int_{-\infty}^{|\hat{y}_i| - |e_i|} \frac{1}{\sqrt{2\pi}\sigma} e^{-\frac{(y - |\hat{y}_i|)^2}{2\sigma^2}} \mathrm{d}y \qquad (7-14)$$

式中，$\sigma$ 可用 $\hat{\sigma}$ 估计。

$$\hat{\sigma} = \sqrt{\frac{1}{k-2} \sum_{i=1}^{k} (|y_i| - \hat{A}x_i - \hat{B})^2} \qquad (7-15)$$

对于 $\hat{y}_i$ 同时含有正负数的情况，应将其分成正数和负数两组分别求隶属度。这样通过求取 $|\hat{y}_i|$ 的隶属度，就可以保证 $\mu_L(e_i) \in [0, 1]$，再以模糊加权残差平方和最小为目标构成模糊加权线性回归模型：

$$\min_{A, B} \sum_{i=1}^{k} \left[ \mu_L(e_i)(y_i - Ax_i - B)^2 \right] \qquad (7-16)$$

即可求出参数 $A, B$。

# 参考文献

[1] 曹明都，姜晓峰. 伊拉克战争中美英联军装备保障透析[J]. 装备学院学报，2004，15 (2)：18-21.

[2] 陆军神目：美国陆军无人机系统 2010—2035 路线图。中国网 china.com.cn

[3] 钱东，赵江，杨芸. 军用 UUV 发展方向与趋势（上）[J]. 水下无人系统学报. 2017，25 (1)：1-30.

[4] 钱东，赵江，杨芸. 军用 UUV 发展方向与趋势（下）[J]. 水下无人系统学报. 2017，25 (2)：107-150.

[5] 李峰，马惠军. 军事后勤保障模式与制度的历史演进[J]. 中国军事科学，2016(2)：105-112.

[6] 金星，彭博，鲁海，等. 小样本条件下可靠寿命的蒙特卡罗评估方法[J]. 弹箭与制导学报，2012，32(2)：217-218.

[7] 唐雪梅. 武器装备小子样试验分析与评估[M]. 北京：国防工业出版社，2001.

[8] 唐雪梅. 武器系统小样本场合下的区间估计[J]. 航天控制，2001，19(3)：60 - 65.

[9] 戴邵武，高华明，肖支才. 基于自助法的小样本数据分析方法研究[J]. 海军航空工程学院学报，2009，24(1)：27 - 30.

[10] 郑忠国. 随机加权法[J]. 应用数学学报，1987，10(2)：247 - 253.

[11] 张恒喜，郭基联. 小样本多元数据分析方法及应用[M]. 西安：西北工业大学出版社，2002.

[12] 谢益辉，朱钰. Bootstrap 方法的历史发展和前沿研究[J]. 统计与信息论坛，2008，23(2)：90 - 96.

[13] 刘义，王国玉，柯宏发. 一种基于灰色距离测度的小样本数据区间估计方法[J]. 系统工程与电子技术，2008，30(1)：116 - 119.

[14] 吕篯，姚卫星. 小样本下估计疲劳寿命分布的历史数据融合方法[J]. 应用力学学报，2008，25(2)：323 - 325.

[15] 谢力，魏汝祥，刘宝平，等. 基于信息准则的最优组合预测小样本改进模型[J]. 统计与信息论坛，2012，27(5)：9 - 13.

[16] 张守玉，刘博强. 基于相关函数的小样本数据融合方法改进[J]. 兵器装备工程学报，2010，31(8)：103 - 105.

[17] 陈刚强，宋光辉，李蕊. 顺序主成分分析——多元数据排序问题探讨[J]. 统计与决策，2005(12x)：27 - 29.

[18] 葛乐矣，王中宇. 基于灰色系统理论的小样本动态测量数据处理[J]. 计量学报，2009，30(4)：369 - 373.

[19] 宋保维，等. 鱼雷系统可靠性理论与方法[M]. 西安：西北工业大学出版社，2015.